U0290286

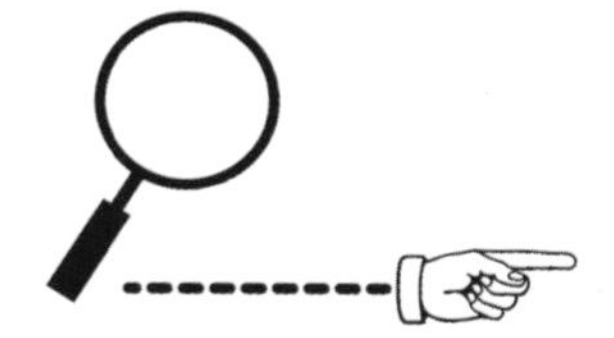

丛书主编：马克平

丛书编委：曹　伟　陈　彬　冯虎元　郎楷永
李振宇　刘　冰　彭　华　覃海宁
田兴军　邢福武　严岳鸿　杨亲二
应俊生　于　丹　张宪春

本册主编：段士民　尹林克

本册作者：侯翼国　刘　彬（新疆师范大学）王喜勇　童　莉
王　蕾　刘旭丽（新疆建设职业技术学院）　李文军
钟　珏（新疆教育科学研究院）　胡玉昆　张元明
董连新（新疆农业大学）

本册审稿：阎　平　王　兵

技术指导：刘　冰　陈　彬

FIELD GUIDE TO
WILD PLANTS OF CHINA

中国常见植物野外识别手册

Desert
荒漠册

图书在版编目(CIP)数据

中国常见植物野外识别手册.荒漠册/马克平主编；段士民，尹林克分册主编.—北京：商务印书馆，2016（2024.2重印）

ISBN 978-7-100-11912-2

Ⅰ.①中… Ⅱ.①马…②段…③尹… Ⅲ.①植物—识别—中国—手册②荒漠—植物—识别—中国—手册 Ⅳ.①Q949-62

中国版本图书馆CIP数据核字(2016)第005212号

中国常见植物野外识别手册

荒漠册

马克平 主编

段士民 尹林克 本册主编

商 务 印 书 馆 出 版

（北京王府井大街36号 邮政编码100710）

商 务 印 书 馆 发 行

北京新华印刷有限公司印刷

ISBN 978-7-100-11912-2

2016年3月第1版　　开本 880×1240 1/48

2024年2月北京第5次印刷　　印张 11¾

定价：88.00元

序 Foreword

历经四代人之不懈努力，浸汇三百余位学者毕生心血，述及植物三万余种，卷及126册的巨著《中国植物志》已落笔告罄。然当今已不是“腹中贮书一万卷，不肯低头在草莽”的时代，如何将中国植物学的知识普及芸芸众生，如何用中国植物学知识造福社会民众，如何保护当前环境中岌岌可危的濒危物种，将是后《中国植物志》时代的一项伟大工程。念及国人每每旅及欧美，常携一图文并茂的*Field Guide*（《野外工作手册》），甚是方便；而国人及外宾畅游华夏，却只能搬一块大部头的*Flora*（《植物志》），实乃吾辈之遗憾。由中国科学院植物研究所马克平所长主持编撰的这套《中国常见野生植物识别手册》丛书的问世，当是填补空白之举，令人眼前一亮，颇觉欢喜，欣然为序。

丛书的作者主要是全国各地中青年植物分类学骨干，既受过系统的专业训练，又熟悉当下的新技术和时尚。由他们编写的植物识别手册已兼具严谨和活泼的特色，再经过植物分类学专家的审订，益添其精准之长。这套丛书可与《中国植物志》《中国高等植物图鉴》《中国高等植物》等学术专著相得益彰，满足普通植物学爱好者及植物学研究专家不同层次的需求。更可喜的是，这种老中青三代植物学家精诚合作的工作方式，亦让我辈看到了中国植物学发展新的希望。

“一花独放不是春，百花齐放春满园。”相信本系列丛书的出版，定能唤起更多的植物分类学工作者对科学传播、环保宣传事业的关注；能够指导民众遍地识花，感受植物世界之魅力独具。

谨此为序，祝其有成。

王文采

2009年3月31日

前言 Preface

自然界丰富多彩，充满神奇。植物如同一个个可爱的精灵，遍布世界的各个角落：或在茫茫的戈壁滩上，或在漫漫的海岸线边，或在高高的山峰，或在深深的峡谷，或形成广袤的草地，或构筑茂密的丛林。这些精灵们一天到晚忙碌着，成全了世界的五彩缤纷，也为人类制造赖以生存的氧气并满足人们衣食住行中方方面面的需求。中国是世界上植物种类最多的国家之一，全世界已知的30余万种高等植物中，中国的高等植物超过3万种。当前，随着人类经济社会的发展，人与环境的矛盾日益突出：一方面，人类社会在不断地向植物世界索要更多的资源并破坏其栖息环境，致使许多植物濒临灭绝；另一方面，又希望植物资源能可持续地长久利用，有更多的森林和绿地能为人类提供良好的居住环境和新鲜的空气。

如何让更多的人认识、了解和分享植物世界的妙趣，从而激发他们合理利用和有效保护植物的热情？近年来，在科技部和中国科学院的支持下，我们组织全国20多家标本馆建设了中国数字植物标本馆（Chinese Virtual Herbarium，简称CVH）、中国自然植物标本馆（Chinese Field Herbarium，简称CFH）等植物信息共享平台，收集整理了包括超过10万张经过专家鉴定的植物彩色照片和近20套植物志书的数字化植物资料并实现了网络共享。这个平台虽然给植物学研究者和爱好者提供了方便，却无法顾及野外考察、实习和旅游的便利性和实用性，可谓美中不足。这次我们邀请全国各地的植物分类学专家，特别是青年学者编撰一套常见野生植物识别手册的口袋书，每册包括具有区系代表性的地区、生境或类群中的500～700种常见植物，是这方面的一次尝试。

记得1994年我第一次去美国时见到*Peterson Field Guide*（《野外工作手册》），立刻被这种小巧玲珑且图文并茂的形式所吸引。近年来，一直想组织编写一套适于植物分类爱好者、初学者的口袋书。《中国植物志》等志书专业性非常强，《中国高等植物图鉴》等虽然有大量的图版，但仍然很专业。而且这些专业书籍都是多卷册的大部头，不适于非专业人士使用。有鉴于此，我们力求做一套专业性的科普丛书。专业性主要体现在丛书的文字、内容、照片的科学性，要求作者是专业人员，且内容经过权威性专家审定；普及性即考虑到爱好者的接受能力，注意文字内容的通俗性，以精彩的照片“图说”为主。由此，丛书的编排方式摈弃了传统的学院式排列及检索方式，采用人们易于接受的形式，诸如：按照植物的生活型、叶形叶序、花色等植物性状进行分类；在选择地区或生境类型时，除考虑区系代表性外，还特别重视游人多的自然景点或学生野外实习基地。植物收录范围主要包括某一地区或生境常见、重要或有特色的野生植物种类。植物中文名主要参考《中国植物志》；拉丁学名以“中国生物物种名录”（http://base.sp2000.cn/colchina_c13/search.php）为主要依据；英文名主要参考美国农业部网站（http://www.usda.gov）和《新编拉汉英种子植物名称》。同时，为了方便外国朋友学习中文名称的发音，特别标注了汉语拼音。

本丛书自2007年初开始筹划，2009年和2013年在高等教育出版社出版了山东册和古田山册，受到读者的好评。2013年9月与商务印书馆教科文中心主任刘雁等协商，达成共识，决定改由商务印书馆出版，并承担出版费用。欣喜之际，特别感谢王文采院士欣然作序热情推荐本丛书；感谢各位编委对于丛书整体框架的把握；感谢各分册作者辛苦的野外考察和通宵达旦的案头工作；感谢刘冰协助我完成书稿质量把关和图片排版等重要而烦琐的工作，感谢严岳鸿、陈彬、刘夙、李敏和孙英宝等诸位年轻朋友的热情和奉献。同时也非常感谢科技部平台项目的资助；感谢普兰塔论坛（http://www.planta.cn）的“塔友”为本书的编写提出的宝贵意见，感谢读者通过亚马逊（http://www.amazon.cn）和豆瓣读书（http://book.douban.com）等对本书的充分肯定和改进建议。

尽管因时间仓促，疏漏之处在所难免，但我们还是衷心希望本丛书的出版能够推动中国植物科学知识的普及，让人们能够更好地认识、利用和保护祖国大地上的一草一木。

马克平 于北京香山
2014年9月2日

本册简介 Introduction to this book

中国荒漠区包括温带荒漠区和暖温带荒漠区。温带荒漠区包括阿拉善荒漠区、河西走廊荒漠区和准噶尔盆地荒漠区；暖温带荒漠区包括哈密（戈壁）荒漠区、吐鲁番盆地荒漠区、塔里木盆地极端干旱荒漠区和敦煌—库木塔格荒漠区。荒漠区总面积1095×10³ km²，约占国土面积的11.4%。

荒漠主要指沙漠、砾漠和盐漠。包括塔克拉玛干沙漠、古尔班通古特沙漠、巴丹吉林沙漠、腾格里沙漠、库姆塔格沙漠及乌兰布和沙漠等大面积的沙质荒漠，哈顺戈壁、北山戈壁、诺敏戈壁及将军戈壁等砾质荒漠以及 3630.53×10² km² 占全国可利用土地面积4.88%的盐渍化荒漠（盐漠）。

中国荒漠区地处中亚、西伯利亚、蒙古、西藏和我国华北的交汇区，区域内自然地理条件历经沧桑与变迁，为各个植物区系成分的接触、混合和迁移创造了有利条件。除构成本地带植物区系基础成分的亚洲中部成分外，中亚成分、古地中海成分、南哈萨克斯坦—准噶尔成分也占相当大的比重，其他还有北温带成分、温带亚洲成分、喜马拉雅成分、热带成分、北方和极地成分等，植物地理成分十分复杂。荒漠植物表现出强烈的旱生性和起源古老性，在地理成分上主

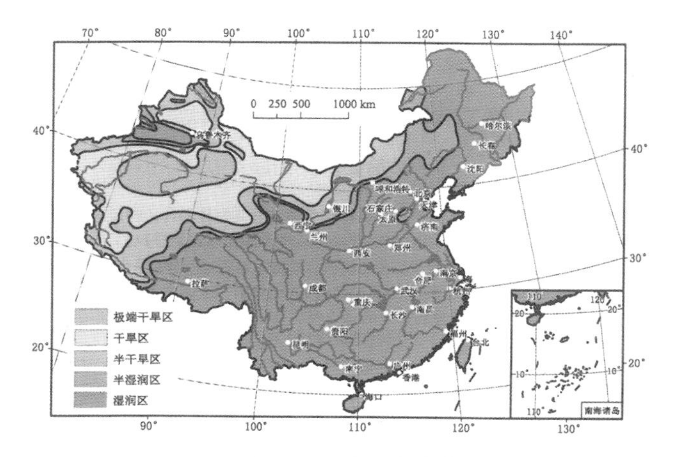

地图来源：中国干旱、半干旱地区的分布
（慈龙骏．1994．全球变化对我国荒漠化的影响．自然资源学报，9(4)：290−302.）

要属于温带性质，特有程度较低。

本册所收录的荒漠植物就是在大气干旱、多风沙、重盐碱、高寒贫瘠等特殊恶劣的荒漠气候环境下分布和生存的一类植物。它们各自构成了灌木荒漠、小乔木荒漠、半灌木荒漠、小半灌木荒漠、多汁木本盐柴类荒漠、高寒荒漠和荒漠草原群落中的建群种、优势种和伴生种。

荒漠植物在长期的进化适应过程中，表现出了多样、特殊的生态—生活型特征和生活史对策，演化形成了多样性的具有潜在经济和生态价值的遗传基因，如能抵抗生物和非生物逆境的抗性基因、优良观赏性基因和速生高产基因等，是国家经济社会可持续发展和参与国际生物技术领域竞争所必需的战略性植物种质资源。

据不完全统计，中国荒漠植物约有种子植物82科471属1704种。其中，裸子植物3科4属17种，被子植物79科467属1687种。为了保护中国荒漠区的野生植物多样性、指导公众认识和可持续利用丰富多彩的野生植物资源，特从中筛选了中国西北干旱、半干旱荒漠地区常见的珍稀植物、特有植物、国家重点保护植物和具有重要潜在经济价值的荒漠植物共46科224属352种（含变种）。

书中所载每种植物都配有花果期的图例，植物图片均为摄影者在中国西北干旱、半干旱荒漠地区长期从事野外植物调查过程中所摄，每种植物通常配有若干张包括生境和鉴别特征的图片。种的识别要点则是编著者根据多年来野外工作的实践与经验撰写，力求文字简明扼要，言简意赅，较适合野外植物调查时识别使用。

本书集专业性、科普性与实用性于一体，并有一定的鉴赏、教学参考和收藏价值，更是一本植物学野外识别类工具书。在版式编排、开本设计及检索功能上充分体现了方便野外携带和非专业人员检索使用的原则。

其读者群主要为植物学爱好者、专业植物学研究者、植物摄影爱好者、生命科学相关专业的学生、爱好植物的户外生态旅游者、从事干旱荒漠区野生植物资源保护与开发利用的管理和商业人士。希望广大读者能通过此书认识更多的中国荒漠植物，以便为荒漠区植物多样性保护事业贡献各自的力量。

使用说明 How to use this book

本书的检索系统采用目录树形式的逐级查找方法。先按照植物的生活型分为三大类：木本、藤本和草本。

木本植物按叶形的不同分为三类：叶较窄或较小的为针状或鳞片状叶，叶较宽阔的分为单叶和复叶。藤本植物不再做下级区分。草本植物首先按花色分类，由于蕨类植物没有花的结构，禾草状植物没有明显的花色区分，列于最后。每种花色之下按花的对称形式分为辐射对称和两侧对称*。辐射对称之下按花瓣数目再分为二至六；两侧对称之下分为蝶形、唇形、有距、兰形及其他形状；花小而多，不容易区分对称形式的单列，分为穗状花序和头状花序两类。

正文页面内容介绍和形态学术语图解请见后页。

* **注**：为方便读者理解和检索，本书采用了"辐射对称"与"两侧对称"这种在学术上并不严谨的说法。

乔木和灌木(人高1.7米)
Tree and shrub (The man is 1.7 m tall)

草本和禾草状草本(书高18厘米)
Herb and grass-like herb (The book is 18 cm tall)

植株高度比例 Scale of plant height

上半页所介绍种的生活型、花特征的描述
Description of habit and flower features of the species placed in the upper half of the page

叶、花、果期(空白处表示落叶)
Leaf, flowering and fruiting stage (Blank indicates deciduous)

上半页所介绍种的图例
Legend for the species placed in the upper half of the page

在中国的地理分布
Distribution in China

属名 Genus name

科名 Family name

别名 Chinese local name

中文名 Chinese name

拼音 Pinyin

学名(拉丁名) Scientific name

英文名 Common name

主要形态特征的描述
Description of main features

分布
Distribution

生境
Habitat

识别要点
Distinctive features

页码 Page number

草本植物 花紫色 辐射对称 花瓣六

鸢尾蒜 居里胡子 石蒜科 鸢尾蒜属
Ixiolirion tataricum
Tartarian Ixiolirion | Yuānwěisuàn

多年生草本。鳞茎卵球形，外有褐色的鳞茎皮。叶3～8枚①，簇生于茎的基部，狭线形。花茎春天抽出，下部着生1～3枚较小的叶，顶端由3～6朵花组成的伞形花序①③；花被蓝紫色②③④；雄蕊花丝紫红色②④，丝状；花药基部着生；子房下位④，近棒状，柱头3裂②。蒴果长圆形①。

产于新疆北疆。生于山谷、沙地或荒草地上。

花丝紫红色，丝状。

1 2 3 4 5 6 7 8 9 10 11 12

细叶鸢尾 老牛拽 细叶马蔺 鸢尾科 鸢尾属
Iris tenuifolia
Slenderleaf Iris | Xìyèyuānwěi

多年生密丛草本。根状茎块状，木质，黑褐色。叶质地坚韧①，丝状或狭条形，扭曲，无明显的中脉。花茎长度随埋沙深度而变化，通常不伸出地面；花蓝紫色①②。蒴果倒卵形④，顶端有短喙，成熟时沿室背自上而下开裂③。

产于我国东北、西北各省区及河北、山西、内蒙古、西藏。生于固定沙丘或沙质地上。

叶卷旋扭曲，细长丝状，无中脉；无茎。

1 2 3 4 5 6 7 8 9 10 11

254 中国常见植物野外识别手册——荒漠册

花辐射对称，花瓣二

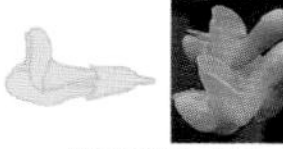
花两侧对称，蝶形

植株禾草状，花序特化为小穗

花辐射对称，花瓣三

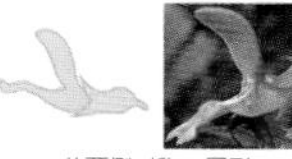
花两侧对称，唇形

花小，或无花被，或花被不明显

花辐射对称，花瓣四

花两侧对称，有距

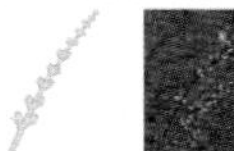
花小而多，组成穗状花序

花辐射对称，花瓣五

花两侧对称，兰形或其他形状

花小而多，组成头状花序

花辐射对称，花瓣六*

花辐射对称，花瓣多数

* **注**：花瓣分离时为花瓣六，花瓣合生时为花冠裂片六，花瓣缺时为萼片六或萼裂片六，正文中不再区分，一律为“花瓣六”；其他数目者亦相同。

术语图解 Illustration of Terminology

叶 Leaf

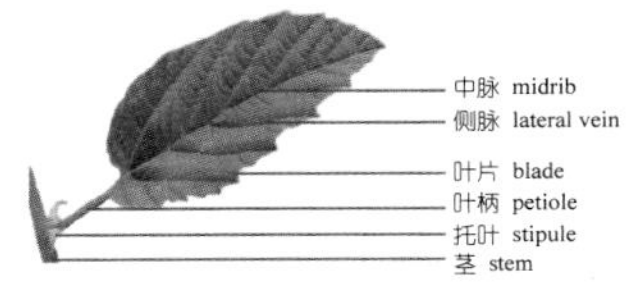

禾草状植物的叶 Leaf of Grass-like Herb

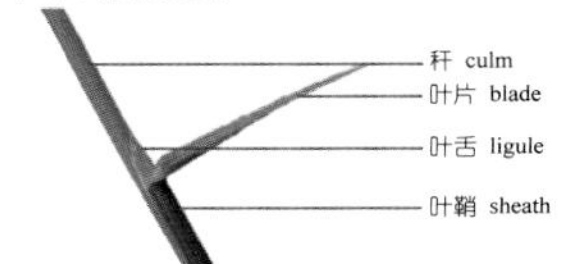

叶形 Leaf Shapes

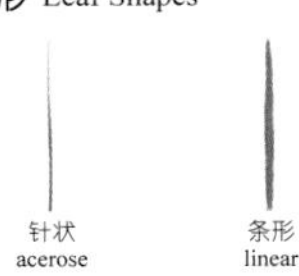
针状 acerose

条形 linear

披针形 lanceolate

倒披针形 oblanceolate

卵形 ovate

倒卵形 obovate

鳞片状 scale-like

椭圆形 elliptic

圆形 rounded

箭形 sagittate

心形 cordate

肾形 reniform

叶缘 Leaf Margins

全缘 entire

锯齿 serrate

重锯齿 biserrate

圆齿 crenate

波状 undulate

刺状锯齿 spiny-serrate

叶的分裂方式 Leaf Segmentation

不裂 entire

羽状分裂 pinnatifid

大头羽状分裂 lyrate

二回羽状分裂 bipinnatifid

掌状分裂 palmatifid

鸟足状分裂 pedate

单叶和复叶 Simple Leaf and Compound Leaves

单叶 simple leaf

奇数羽状复叶 odd-pinnately compound leaf

偶数羽状复叶 even-pinnately compound leaf

二回羽状复叶 bipinnately compound leaf

掌状复叶 palmately compound leaf

单身复叶 unifoliate compound leaf

叶序 Leaf Arrangement

互生 alternate

螺旋状着生 spirally arranged

对生 opposite

轮生 whorled

簇生 fasciculate

基生 basal

花 Flower

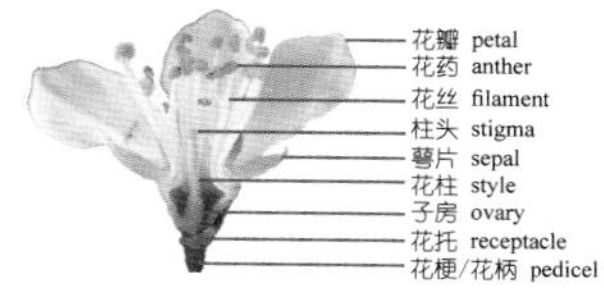

花 flower:
- 花梗/花柄 pedicel
- 花托 receptacle
- 花被 perianth
  - 萼片 sepal } 统称 花萼 calyx
  - 花瓣 petal } 统称 花冠 corolla
- 雄蕊 stamen } 统称 雄蕊群 androecium
  - 花丝 filament
  - 花药 anther
- 雌蕊 pistil } 统称 雌蕊群 gynoecium
  - 子房 ovary
  - 花柱 style
  - 柱头 stigma

花序 Inflorescences

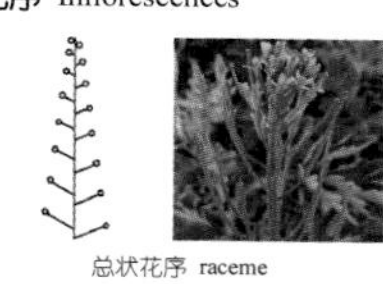

总状花序 raceme

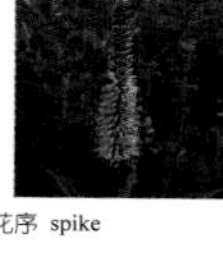

穗状花序 spike

伞形花序 umbel

伞房花序 corymb

柔荑花序 catkin

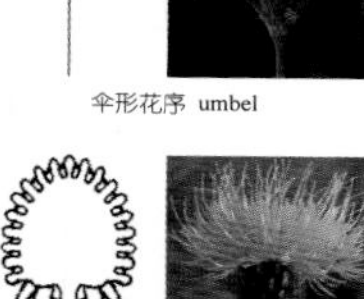

头状花序 head

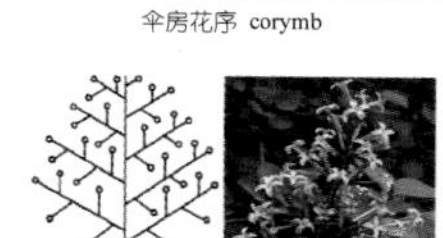

圆锥花序/复总状花序 panicle

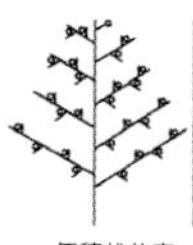

复穗状花序 compound spike

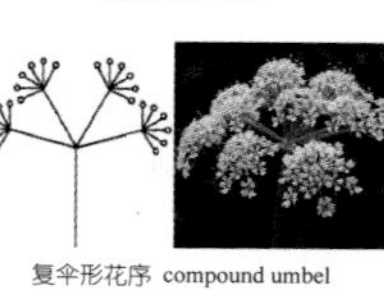

复伞形花序 compound umbel

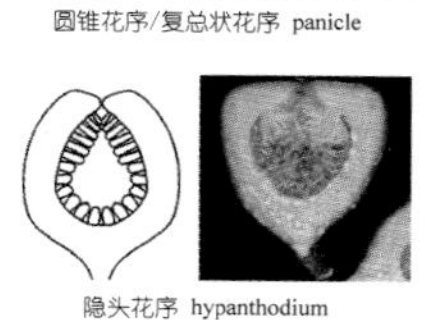

隐头花序 hypanthodium

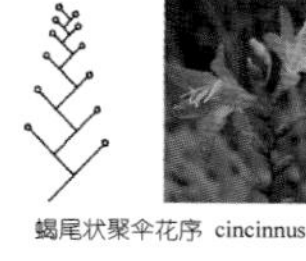

蝎尾状聚伞花序 cincinnus

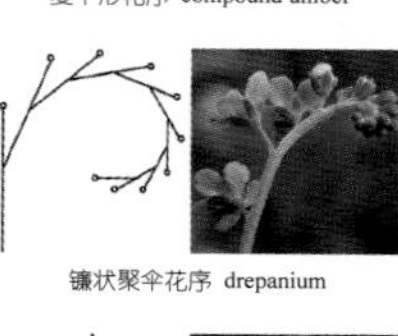

镰状聚伞花序 drepanium

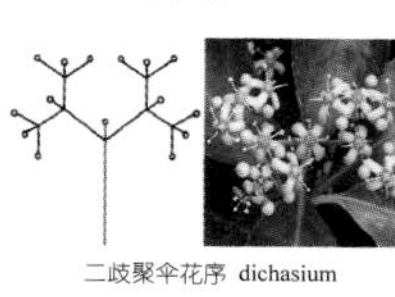

二歧聚伞花序 dichasium

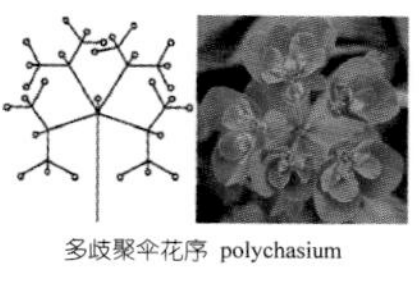

多歧聚伞花序 polychasium

轮状聚伞花序/轮伞花序 verticillaster

果实 Fruits

浆果
berry

核果
drupe

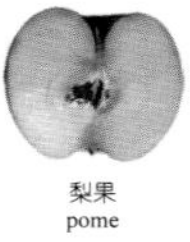

梨果
pome

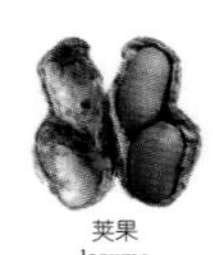

荚果
legume

蓇葖果
follicle

蒴果
capsule

长角果，短角果
silique, silicle

瘦果
achene

翅果
samara

坚果
nut

聚合果
aggregate fruit

聚花果/复果
multiple fruit

胡杨 异叶胡杨 杨柳科 杨属

Populus euphratica

Diversifolious Poplar | húyáng

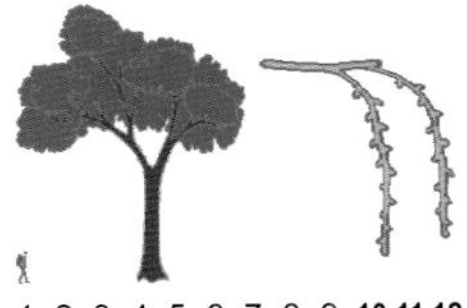

乔木；树冠开展，主干多数明显①；萌枝叶披针形(②左)；成年叶卵圆形或肾形，先端有粗齿牙（②右）；花单性，雄花序紫红色③，雌花序鲜红或淡黄绿色；蒴果长椭圆形④。

产于内蒙古西部、甘肃、青海及新疆。生于荒漠河流沿岸、排水良好的冲积沙质壤土上。

主干突出；幼叶披针形，老叶卵圆形，先端有粗齿牙。

灰胡杨 灰叶胡杨 灰杨 杨柳科 杨属

Populus pruinosa

Bloomy Poplar | huīhúyáng

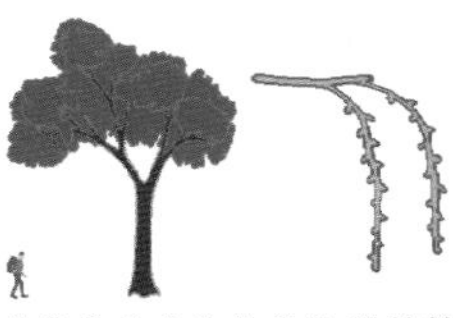

小乔木；树冠开展，主干多数明显①；萌枝叶椭圆形；短枝叶肾形，全缘或先端具疏齿牙②，两面灰蓝色，密被短茸毛；雄花序紫红色④，雌花序鲜红或淡黄绿色；蒴果长卵圆形③。

主产新疆叶尔羌河、喀什河及和田河一带。生于荒漠河谷、河漫滩或水位较高的沿河地带。

幼叶椭圆形；老叶肾形，似银杏叶。

单子麻黄 小麻黄 麻黄科 麻黄属

Ephedra monosperma

Oneseed Ephedra | dānzǐmáhuáng

矮小灌木；植株铺散或垫状①②③；叶2枚对生，膜质鞘状；雌球花无梗；苞片肉质、红色④；种子多为1粒。

产于黑龙江、河北、山西、内蒙古、四川、西藏及西北各省区。生于山坡石缝或林木稀少的干燥地区。

植株矮小；叶对生；苞片肉质、红色。

蓝枝麻黄 蓝麻黄 麻黄科 麻黄属

Ephedra glauca

Blue Ephedra | lánzhīmáhuáng

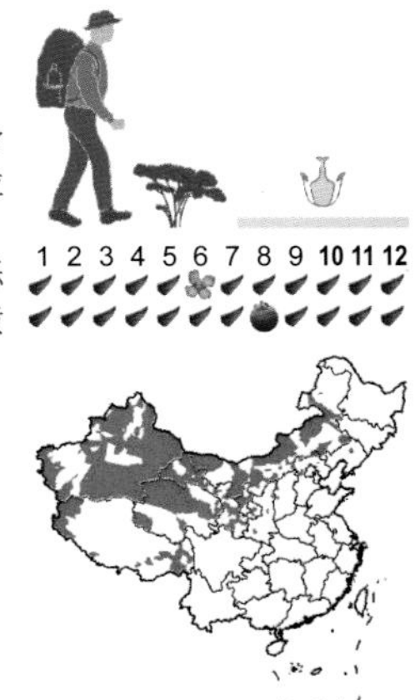

小灌木；当年生枝浅灰蓝色，密被蜡粉，光滑②；雌球花成熟时苞片浆果状，红色①③，含2粒种子④；珠被管多回弯曲③④。

产于新疆、青海、甘肃及内蒙古。生于荒漠砾石阶地、黄土状基质冲积扇、干旱石质山脊、石质陡峭山坡等。

新枝浅灰蓝色。

①
②
③
④
①
②
③
④

膜果麻黄 膜翅麻黄 勃麻黄 麻黄科 麻黄属

Ephedra przewalskii

Przewalsk Ephedra | móguǒmáhuáng

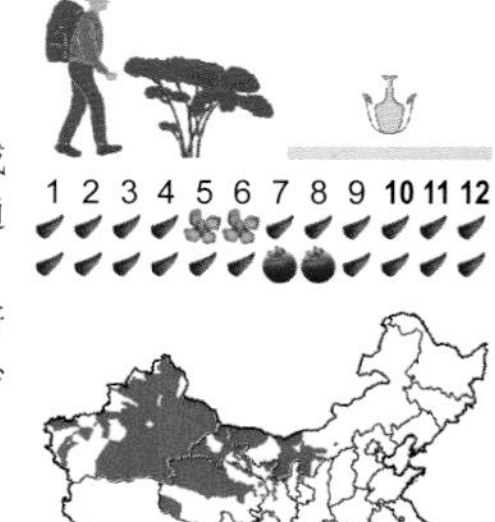

灌木，基部多分枝②③。小枝末端常呈“之”字形弯曲或拳卷①④。叶3或2枚。球花通常无梗，常多数密集成团状的复穗花序③；雄球花淡褐色或褐黄色①，雌球花淡绿褐色或淡红褐色④。种子通常3粒，包于干燥膜质苞片内④。

产于内蒙古、宁夏、甘肃北部、青海北部、新疆天山南北麓。生于干燥沙漠地区及干旱山麓多沙石的盐碱土上。

植株高大；苞片膜质片状。

中麻黄 麻黄科 麻黄属

Ephedra intermedia

Intermediate Ephedra | zhōngmáhuáng

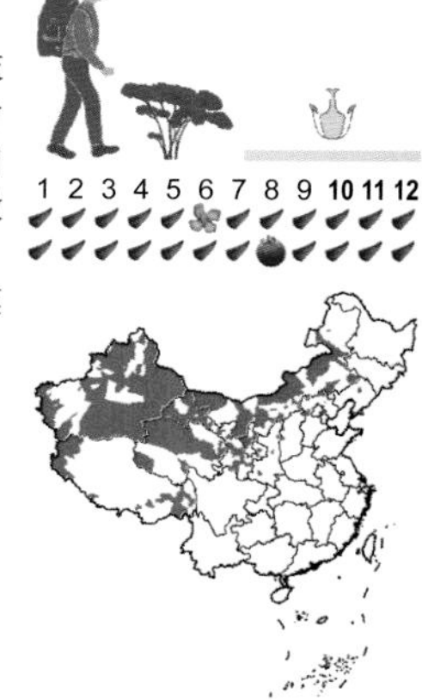

小灌木，具发达的根状茎。茎粗短；主干枝灰色①，当年生枝淡绿色②，有细沟纹，粗糙。叶片不显著。雄球花球形；雌球花卵形；苞片成熟时肉质，红色③④，后期微发黑。种子2粒，内藏或微露出③，卵形。

产于我国东北、华北及西北各省区。生于荒漠石质戈壁、沙地、沙质、砾质和石质干旱低山坡。

根状茎发达；小枝淡绿色；苞片肉质、红色。

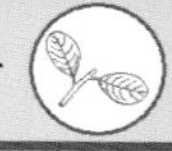

1
2
3
4
1
3
2
4

长枝木蓼 蓼科 木蓼属

Atraphaxis virgata

Long Knotwood | chángzhīmùliǎo

灌木；老枝先端有叶或花，无刺针①；一年生枝长，伸出丛外；叶灰绿色①；总状长圆花序，生于当年枝末端②；花淡红色具白色边缘或白色③④，花被片5枚④，排成两轮，外轮2枚比较小，近圆形，果期反折，内轮3枚果期增大，宽椭圆形③；瘦果三棱形。

产于新疆的托克逊、奇台、布尔津。生于石质山坡和戈壁。

一年生枝长，伸出丛外。

沙木蓼 蓼科 木蓼属

Atraphaxis bracteata

Sandy Knotwood | shāmùliǎo

灌木。枝在顶端具叶和花，无刺①。叶具短柄，叶片革质，鲜绿色，宽卵形，全缘或呈波状皱褶②；托叶鞘膜质②。总状花序生于当年枝端，花稀疏④；花淡红色，花被片5枚③④；排成两轮，外轮2枚较小，近圆形，平展或向上，内轮3枚，果期增大，几为圆形；花梗在中上部具关节。瘦果具3棱。

产于内蒙古、宁夏、甘肃、青海及陕西。生于流动沙丘低地及半固定沙丘，海拔1000～1500 m。

当年枝和叶光滑；花梗在中上部具关节。

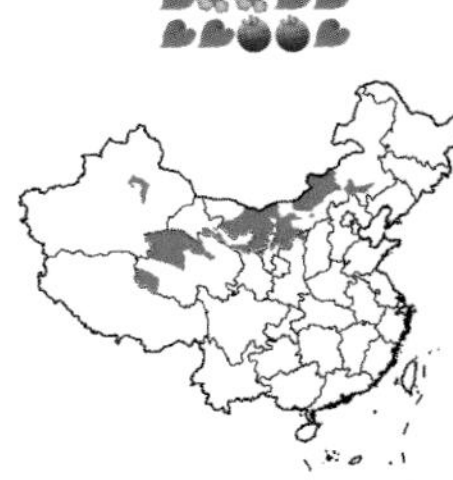

1
2
3
4
1
3
2
4

绿叶木蓼　蓼科 木蓼属

Atraphaxis laetevirens

Greenleaf Knotwood | lǜyèmùliǎo

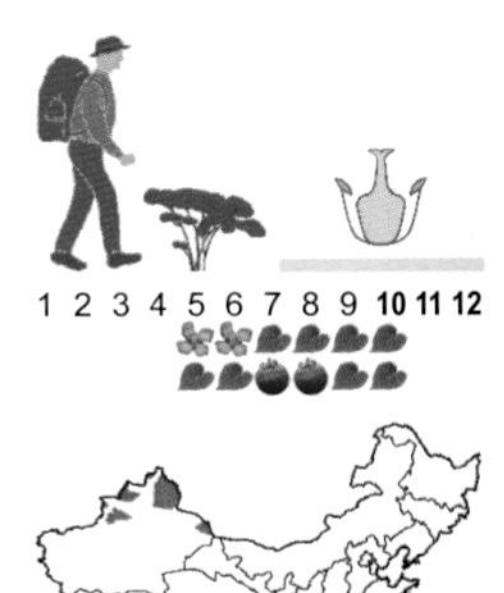

小灌木；主干粗糙，分枝开展②；木质枝细弱，弯拐，顶端具叶或花，无刺③④；叶椭圆形，绿色，革质①；总状花序顶生③④；花淡红色具白色边缘或白色③④，花被片5枚，排成两轮，外轮2枚较小，圆状卵形，果期反折，内轮3枚果期增大，肾形或圆状心形；瘦果具3棱，黑褐色，光亮。

产于新疆伊犁及阿勒泰地区。生于多石山坡灌丛及荒漠，海拔900～1500 m。

叶椭圆形，绿色，革质。

沙拐枣　蒙古沙拐枣　蓼科 沙拐枣属

Calligonum mongolicum

Mongolian Calligonum | shāguǎizǎo

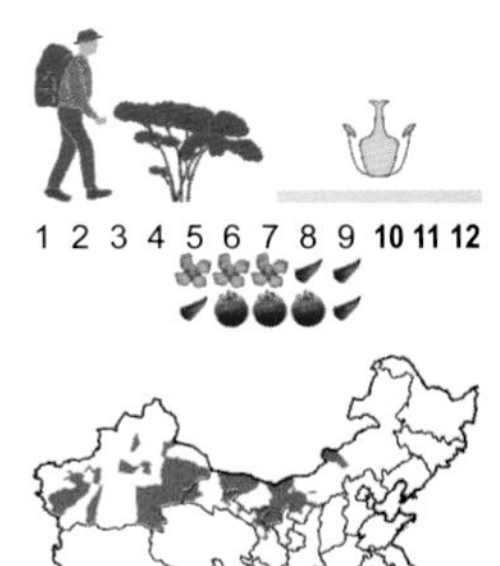

灌木，株高差异很大②；老枝灰白色或淡黄灰色，开展，拐曲①；当年生幼枝灰绿色①；叶线形；花白色或淡红色④；果实(包括刺)宽椭圆形①③，果肋有刺2～3行，刺细弱，毛发状，易折断。

产于内蒙古中、西部，甘肃西部及新疆东部。生于沙丘、沙地、沙砾质荒漠。

果实椭圆形，果肋有刺2～3行，易折断。

泡果沙拐枣　蓼科 沙拐枣属

Calligonum junceum

Junceus Calligonum | pàoguǒshāguǎizǎo

灌木；多分枝，老枝黄灰色或淡褐色，呈“之”字形拐曲，幼枝灰绿色②；叶线形；花常2～4朵，生叶腋；花鲜时白色④，干后淡黄色；瘦果外罩一层薄膜，呈泡状果；幼果淡黄色或红色①③，成熟果淡黄色或褐色。

产于内蒙古和新疆。生于洪积扇的砾石荒漠。

老枝呈“之”字形拐曲；果泡状。

艾比湖沙拐枣　精河沙拐枣　蓼科 沙拐枣属

Calligonum ebi-nuricum

Ebinur Lake Calligonum | àibǐhúshāguǎizǎo

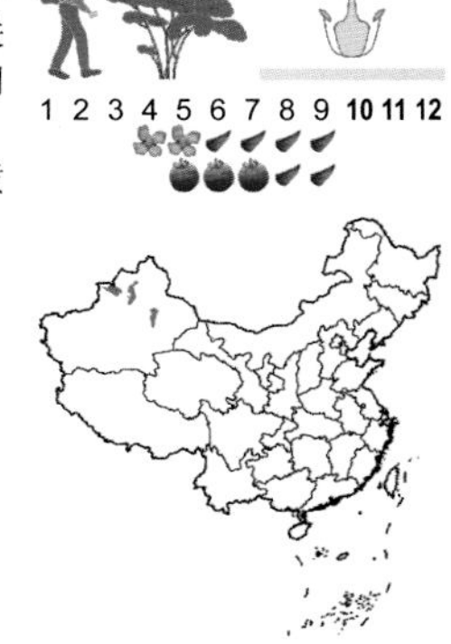

灌木；侧枝伸展呈塔形②；叶线形，托叶膜质，与叶连合；花1～3朵生叶腋④，花梗下部有关节；瘦果卵圆形①③，具长喙，极扭转，肋不明显，肋上生刺2行，刺毛状①。

产于新疆天山北麓。生于半固定沙丘和沙砾质荒漠。我国特有种。

瘦果具长喙，极扭转，肋不明显。

1
2
3
4
1
2
3
4

淡枝沙拐枣　白皮沙拐枣　蓼科 沙拐枣属

Calligonum leucocladum

White-bark Calligonum | dànzhīshāguǎizǎo

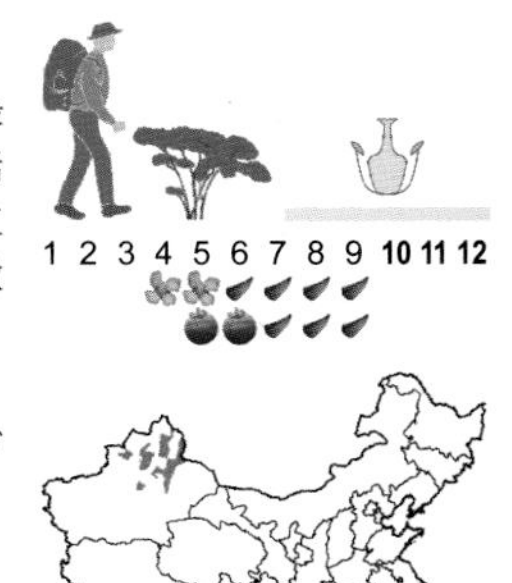

灌木；老枝黄灰色，拐曲；当年生幼枝灰绿色；叶线形，易脱落；花被片白色②④；果(包括翅)宽椭圆形③，翅近膜质，较软，淡黄色或淡红色①③，边缘近全缘；瘦果窄椭圆形，不扭转或微扭转，4条肋各具2翅；翅有细脉纹，边缘近全缘、微缺或有锯齿。

广布新疆天山北麓。生于半固定沙丘、固定沙丘和沙地，海拔500～1200 m。

老枝黄灰色；果翅边缘近全缘。

红果沙拐枣　红皮沙拐枣　蓼科 沙拐枣属

Calligonum rubicundum

Redback Calligonum | hóngguǒshāguǎizǎo

灌木；木质化老枝红褐色③，当年生幼枝灰绿色，有节；叶线形；花被片粉红色或红色④，果期反折；果实(包括翅)卵圆形①，幼果淡绿色、淡黄色或鲜红色①②，成熟果淡黄色或暗红色；瘦果扭转，翅近革质，边缘有齿①。

产于新疆西北部的额尔齐斯河两岸。生于半固定沙丘、固定沙丘和沙地。

老枝红褐色；果翅边缘有齿。

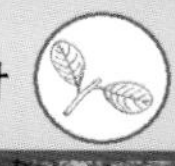

白垩假木贼

藜科 假木贼属

Anabasis cretacea

Chalky Anabasis | báiʼèjiǎmùzéi

小半灌木，根较粗，暗褐色。木质茎退缩的肥大茎基有密茸毛。从茎基发出的幼枝多条，直立，不分枝，具关节，节间5～8个②③④。叶极退化，鳞片状，无刺状尖头。花单生叶腋；外轮3枚花被片果时具翅，内轮2枚无翅；翅膜质，肾形，鲜时淡红色①③④，干后红黄褐色。胞果暗红色或橙黄色。

产于新疆。生于山麓洪积扇及低山的砾质荒漠及半荒漠，海拔580～1540 m。

木质茎肥大；幼枝不分枝；叶无刺状尖；果具翅。

短叶假木贼

藜科 假木贼属

Anabasis brevifolia

Shortleaf Anabasis | duǎnyèjiǎmùzéi

小半灌木。木质茎多分枝，稠密①②③④；小枝灰白色或黄白色①，常具环状裂隙；当年枝黄绿色③，不分枝或上部有少数分枝，节间4～8个；叶条形，肉质，半圆柱状，先端通常有半透明的短刺尖③。花多单生叶腋①；5枚花被片果时具翅；翅膜质，杏黄色或紫红色②④。胞果卵形至宽卵形。

产于内蒙古西部、宁夏、甘肃西部及新疆。生于洪积扇和山间谷地的砾质荒漠、低山草原化荒漠，海拔500～1700 m。

木质茎稠密；叶肉质，先端有短刺尖。

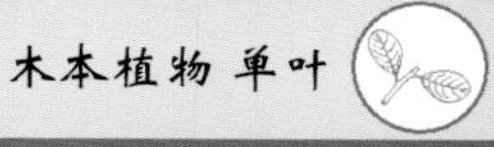

1
2
3
4
1
3
2
4

高枝假木贼

藜科 假木贼属

Anabasis elatior

Tall Anabasis | gāozhījiǎmùzéi

小半灌木。基部木质茎多分枝；当年幼枝黄绿色③。叶通常钻形，先端具1～3 mm的半透明刺状尖②；下部的叶通常开展，上部的叶较短。花单生叶腋；外轮3枚花被片，果时背部具发达的翅①④，内轮2枚较窄，果时通常无翅。胞果卵形，黄褐色或粉红色①。

产于新疆北疆。生于戈壁、盐土荒漠、阳坡。

木质茎多分枝；叶钻形，先端具半透明刺状尖；果背面具翅。

毛足假木贼

藜科 假木贼属

Anabasis eriopoda

Woollystalk Anabasis | máozújiǎmùzéi

小半灌木，通常呈半球形①。根圆柱状，径1～2 cm，暗褐色。木质茎退缩的肥大茎基密被白色长柔毛②。叶钻形，成三角状，先端具长的(2～5 mm)半透明刺状尖头③。花单生叶腋；花被片5枚，果时无翅。胞果宽卵形或近球形，果皮肉质④，黄色或橙黄色。

产于新疆北疆。生于荒漠、戈壁、干山坡。

茎基肥大，密生白色长柔毛；叶钻状，先端具刺状尖；果时无翅。

1
2
3
4
1
3
2
4

无叶假木贼　藜科 假木贼属

Anabasis aphylla

Leafless Anabasis | wúyèjiǎmùzéi

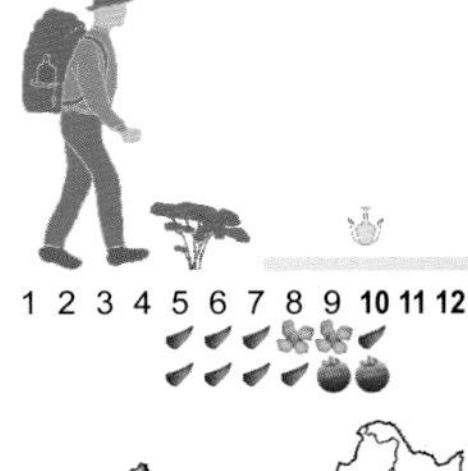

小半灌木。木质茎分枝①，小枝灰白色，幼枝绿色②。叶极不明显，鳞片状，先端无刺状尖②。花小，1～3朵生叶腋，在枝顶形成较疏散的穗状花序；花被片果时生翅；翅膜质，淡黄色③④或粉红色。胞果直立，近圆球形，暗红色④。

广布新疆天山南北麓，甘肃西部亦产。生于山前砾石洪积扇、戈壁、沙丘间、干旱山坡。

叶极不明显，先端无刺状尖；果具膜质翅。本种是假木贼属较高大的一种。

展枝假木贼　藜科 假木贼属

Anabasis truncata

Patentbranch Anabasis | zhǎnzhījiǎmùzéi

小半灌木；根粗壮，圆柱状③。木质茎退缩成瘤状肥大的茎基③；有密茸毛。自茎基发出的当年生幼枝多条，黄绿色，直立，高10～15 cm①②③；枝对生，平展或斜伸②。叶极小，鳞片状，先端钝或尖。花单生叶腋；果时具翅；翅近圆形，淡黄色①或粉红色②④。胞果黄褐色。

主产新疆阿勒泰地区。生于戈壁、干山坡。

木质茎瘤状肥大，有密茸毛；枝对生，平展或斜伸；叶极小；果时具翅。

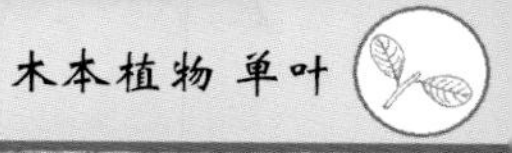

1
3
2
4
1
3
2
4

囊果碱蓬 藜科 碱蓬属

Suaeda physophora

Saccatefruit Seepweed | nángguǒjiǎnpéng

半灌木；木质茎多分枝①，茎皮灰褐色，当年枝苍白色③；叶条形，半圆柱状，长3～6 cm，蓝灰绿色③；花序圆锥状①；花单生或2～3朵团集②；果时花被膨胀呈囊状④，稍带红色；种子横生，扁平。

产于新疆北疆和甘肃西部。生于洪积扇扇缘盐渍化黏土荒漠和盐化荒地上，海拔500～700 m。

叶长3～6 cm；果呈囊状。

小叶碱蓬 藜科 碱蓬属

Suaeda microphylla

Smalleaf Seepweed | xiǎoyèjiǎnpéng

半灌木；茎直立②，茎及枝均灰褐色；叶圆柱形，灰绿色①，长3～5 mm，先端具短尖头，基部骤缩；团伞花序含花3～5朵，着生于叶柄上③；花被肉质，5裂至中部，花被片矩圆形，先端兜状，背面隆起，果时稍增大④。

产于新疆的昌吉、呼图壁、玛纳斯、沙湾、乌苏、精河、伊宁。生于盐生荒漠、湖边、河谷阶地、固定沙丘及砾质荒漠，海拔500～700 m。

叶短小，长3～5 mm。

1
3
2
4
1
2
3
4

白梭梭　波斯梭梭　藜科　梭梭属

Haloxylon persicum

Persican Saxoul | báisuōsuō

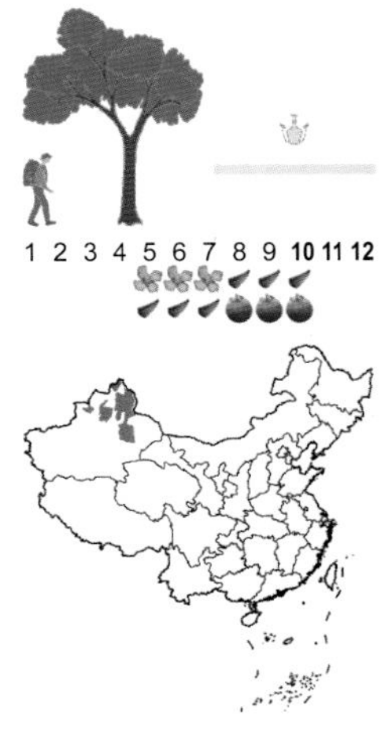

小乔木。树皮灰白色，木材坚而脆；木质老枝淡黄褐色；当年枝淡绿色②；具节，纤细，通常弯垂。叶对生，退化成鳞片状，呈三角形，基部合生，边缘膜质，先端具芒尖③，贴伏于枝。花单生于当年生枝条的短枝上(④上)；花被片倒卵形，果时背面具翅，翅扇形或近圆形①（④下）。胞果淡黄褐色（④下）。种子直立。

主产新疆天山北麓，甘肃金塔、民勤有引种栽培。生于固定及半固定沙丘、流动沙丘及丘间厚层沙地。

叶鳞片状，先端具芒尖。

梭梭　梭梭柴 琐琐　藜科　梭梭属

Haloxylon ammodendron

Saxoul | suōsuō

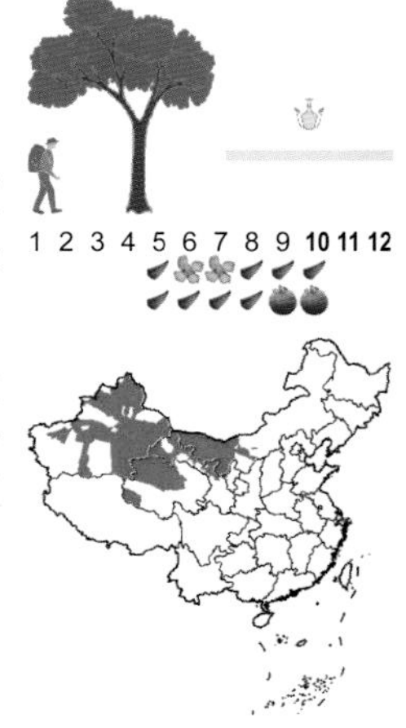

小乔木，树冠通常近半球形①。木材坚而脆，老枝淡黄褐色④；幼枝通常较白梭梭稍粗。叶退化为鳞片状，宽三角形，基部连合，边缘膜质，先端钝或尖(但无芒尖)③，腋间具绵毛。花单生叶腋②，排列于当年生短枝上。胞果黄褐色④。种子黑色。

主产新疆准噶尔盆地、塔里木盆地北缘及哈顺戈壁；内蒙古、甘肃、青海和宁夏亦有。生于海拔450～1500 m的山麓洪积扇和淤积平原、固定沙丘、沙地、沙砾及砾质荒漠、轻度盐碱土荒漠。

叶鳞片状，先端无芒尖。

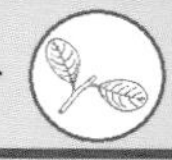

1
2
3
4
1
3
2
4

木本猪毛菜 藜科 猪毛菜属

Salsola arbuscula

Woody Russianthistle | mùběnzhūmáocài

1 2 3 4 5 6 7 8 9 10 11 12

小灌木，多分枝②；老枝灰褐色，小枝乳白色③；叶互生，半圆柱形③；花序穗状；花被片果时自背面中下部生翅，花被片翅以上部分成莲座状①④；种子横生。

产于新疆、宁夏、内蒙古及甘肃西部。生于山麓及砾质荒漠。

小枝乳白色；叶互生，半圆柱形。

珍珠猪毛菜 珍珠 藜科 猪毛菜属

Salsola passerina

Pearl Russianthistle | zhēnzhūzhūmáocài

1 2 3 4 5 6 7 8 9 10 11 12

半灌木，植株密生丁字毛①；老枝灰褐色，小枝黄绿色②③；叶片锥形或三角形；花序穗状，生枝条的上部；花被片背部近肉质，果时自背面中部生翅，翅黄褐色或淡紫红色④，花被片翅以上部分聚成圆锥体。

产于甘肃、宁夏、青海及内蒙古。生于山坡，砾质滩地。

植株密被毛；小枝黄绿色；叶片锥形或三角形；果时自背面中部生翅。

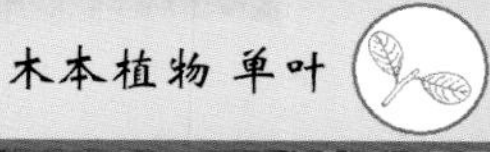

1
2
3
4
1
3
2
4

白滨藜 藜科 滨藜属

Atriplex cana

Greywhite Saltbush | báibīnlí

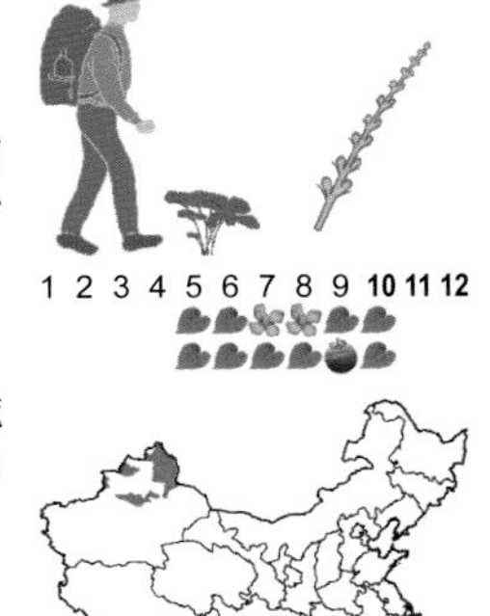

半灌木。木质茎低矮，多分枝；当年生枝稠密③④，直立，具密粉，无色条，略有条棱，上部少数分枝。叶互生①，全缘，两面有密粉呈银白色。花生当年枝的上部，集成间断的穗状圆锥花序①。苞片果时扁平②，基部边缘合生。

主产新疆额尔齐斯河及乌伦古河两岸。生于荒漠及荒漠草原的盐化土壤、盐湖边及低山砾质干山坡。

叶全缘，两面呈银白色。

木地肤 藜科 地肤属

Kochia prostrata

Prostrate Summercypress | mùdìfū

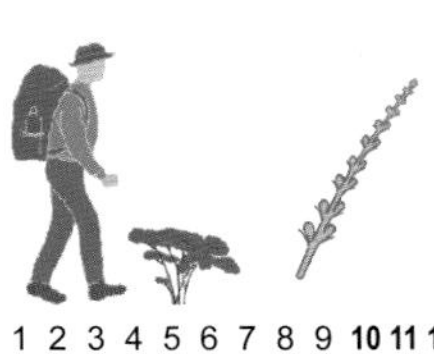

半灌木。基部的木质茎灰褐色或带黑褐色，通常多分枝；当年生枝通常稠密③④。叶互生，条形，常簇生于短枝。花常2～3朵团集叶腋成穗状花序②；花被片背部具翅；翅膜质，具紫红色或黑褐色脉，边缘具不整齐的圆锯齿①。胞果扁球形①。种子横生，近球形，黑褐色。

产于黑龙江、辽宁、内蒙古、河北、山西、陕西、宁夏、甘肃、新疆及西藏。多生山坡、沙地及荒漠。

叶互生，条形；花常成团集叶腋。

1
2
3
4
1
2
3
4

戈壁藜 藜科 戈壁藜属

Iljinia regelii

Regel Iljinia | gēbìlí

半灌木；茎多分枝①②，老枝灰白色，当年生枝灰绿色；叶互生，近棍棒状③④，肉质；花单生于叶腋；花被片近顶端具翅，翅半圆形③④，干膜质，全缘或有缺刻；胞果半球形③；种子横生。

产于新疆和甘肃西部。生于砾石戈壁、洪积扇、沙丘及干燥山坡等处。

植株深绿色；老枝灰白色，枝脆易折；叶肉质，棒状。

合头草 黑柴 藜科 合头草属

Sympegma regelii

Regel Sympegma | hétóucǎo

半灌木；老枝多分枝②，黄白色，当年生枝灰绿色①；叶直或稍弧曲①，基部收缩；花常1～3朵簇生于小枝的顶端③；花被片直立，果时背部的翅近圆形，不等大，淡黄色③④；胞果淡黄色；种子黄绿色。

产于新疆、青海北部、甘肃西北部、宁夏。生于轻盐碱化的荒漠、干山坡及冲积扇。

花常1～3朵簇生于小枝的顶端。

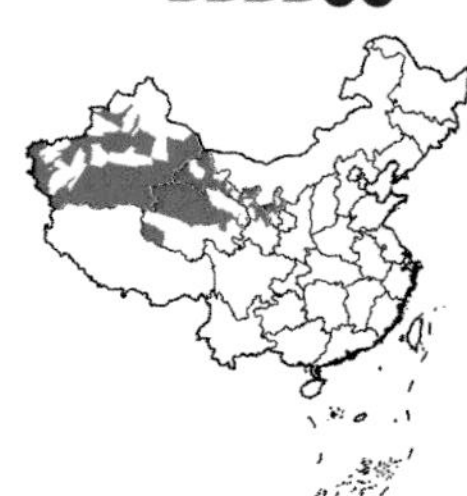

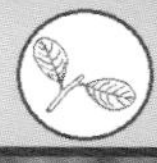

1
3
2
4
1
2
3
4

心叶驼绒藜　　藜科 驼绒藜属

Krascheninnikovia ewersmanniana

Cordateleaf Ceratoides | xīnyètuórónglí

灌木，分枝斜展②④，多集中于上部。叶具短柄，叶片卵形，先端圆形或急尖，基部通常心形③，羽状叶脉，背腹两面被星状毛。果期管外被4束长毛。果直立，椭圆形，密被毛①。

产于新疆阿尔泰山及天山山麓。生于海拔400～2000 m半荒漠、沙丘、荒地、砾石洪积扇及石质坡地。

植株高大；叶片卵形，基部心形。

小蓬　　藜科 小蓬属

Nanophyton erinaceum

Little Nanophyton | xiǎopéng

密集的垫状半灌木①；茎粗短②，拐扭，褐色；叶互生，稠密，极小，先端钻状④；花单生苞腋，通常1～4(7)朵集聚于幼枝的顶端；胞果卵形②③④；种子直立，胚螺旋形。

产于新疆北疆。生于戈壁、石质山坡及干燥的灰钙土地区。

植株垫状；叶先端钻形。

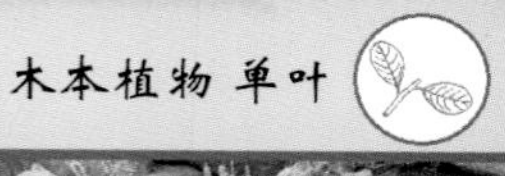

①
②
③
④
①
③
②
④

盐节木

藜科 盐节木属

Halocnemum strobilaceum

Cone-shaped Halocnemum | yánjiémù

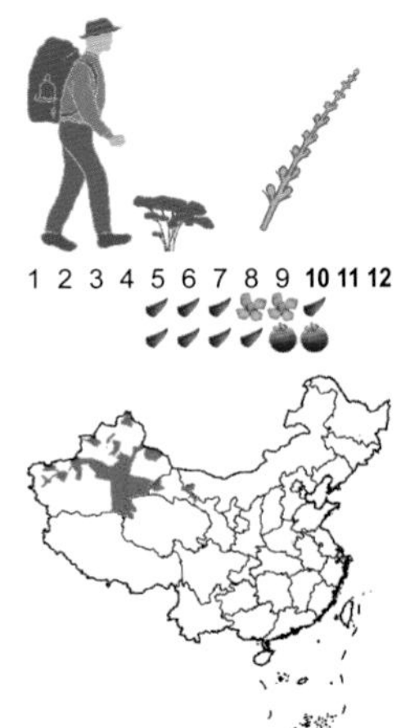

小半灌木；茎自基部分枝，多枝①②；老枝木质，近互生，小枝对生③，肉质，有关节；叶退化为鳞片状，对生；花序穗状无柄，生于枝的上部，交互对生④；种子卵形或圆形，褐色，密生小突起。

广布新疆，甘肃北部亦产。生于盐湖边、盐土湿地。

植株较矮，高50 cm以下，黄绿色；花序无柄。

盐穗木

藜科 盐穗木属

Halostachys caspica

Caspian Halostachys | yánsuìmù

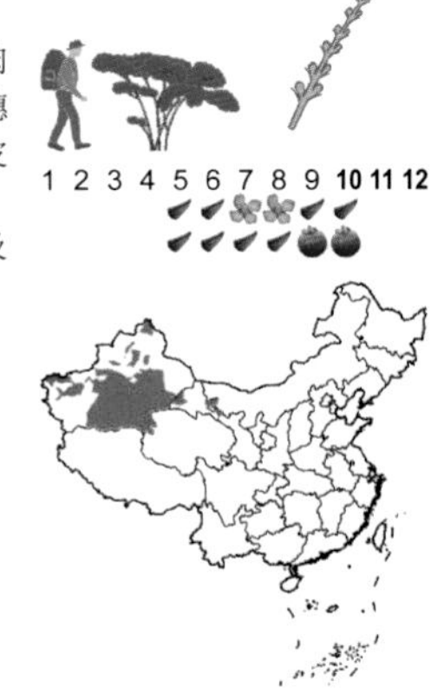

灌木；茎直立，多分枝②；枝对生，小枝肉质，蓝绿色③，有关节；叶鳞片状，对生；花序穗状，交互对生，花序柄有关节①；泡果卵形，果皮膜质④；种子直立，卵形；胚半环形，有胚乳。

产于新疆塔里木盆地、焉耆盆地、天山北麓及甘肃北部。生于盐碱滩、河谷、盐湖边。

植株较高，高50 cm以上，蓝绿色；花序有柄。

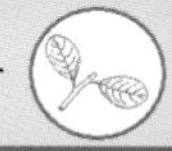

1
3
2
4
1
2
3
4

尖叶盐爪爪

藜科 盐爪爪属

Kalidium cuspidatum

Cuspidateleaf Kalidium | jiānyèyánzhuǎzhuǎ

小半灌木；茎基部多分枝①，小枝黄绿色；叶片卵形，顶端急尖③，稍内弯；花序穗状，生于枝条的上部，花排列紧密②，每1苞片内有3朵花；花被合生④，上部扁平成盾状，盾片成长五角形；种子近圆形，淡红褐色。

产于河北、内蒙古、宁夏、陕西、甘肃及新疆。生于盐湖边及盐碱滩地。

枝黄绿色；叶片顶端急尖。

里海盐爪爪

藜科 盐爪爪属

Kalidium caspicum

Caspian Sea Kalidium | lǐhǎiyánzhuǎzhuǎ

小半灌木②；枝灰白色，有纵裂纹；叶不发育，瘤状，基部下延，与枝贴生，小枝上的叶片成鞘状①③，包茎，紧密相接；穗状花序顶生④；花被合生，上部扁平成盾状，五角形盾片有窄翅状边缘；种子卵形或圆形，红褐色，有乳头状小突起。

产于新疆的奇台、乌鲁木齐、玛纳斯和布克赛尔、新源、伊犁。生于荒漠及半荒漠中的低洼盐碱地及盐池边。

小枝上的叶片包茎，紧密相接。

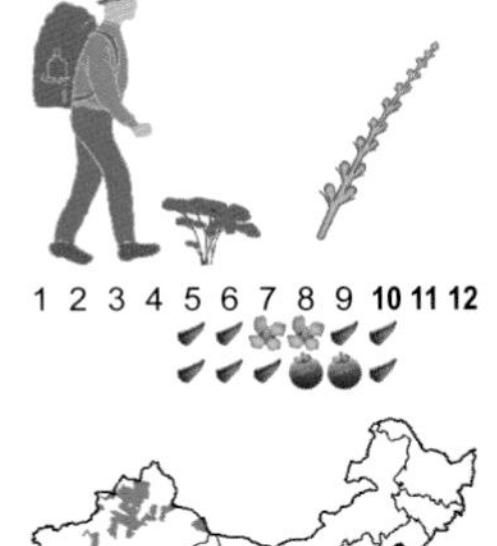

1
3
2
4
1
2
3
4

盐爪爪　灰碱柴　藜科 盐爪爪属

Kalidium foliatum

Foliated Kalidium | yánzhuǎzhuǎ

小半灌木；茎直立或平卧，多分枝②，木质老枝较粗壮，灰褐色或黄灰色，小枝上部近于草质，黄绿色；叶互生，圆柱形④，肉质多汁，长4～10 mm；穗状花序顶生①；胞果圆形③；种子直立。

产于黑龙江、内蒙古、新疆、青海、宁夏、甘肃及河北北部。生于洪积扇扇缘及盐湖边的潮湿盐土、盐碱地、砾石荒漠的低湿处和胡杨林下。

叶圆柱形，长4～10 mm(是盐爪爪属叶最长的一种)。

樟味藜　藜科 樟味藜属

Camphorosma monspeliaca

Mediterranean Camphorfume | zhāngwèilí

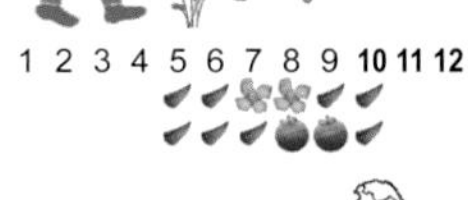

半灌木；具营养枝③和花枝②；叶互生，钻形，密被柔毛呈灰绿色；花单生叶腋，在枝顶形成短而密的穗状花序①；花被上部具4个不等的长齿。

产于新疆北疆。生于沙丘、荒地、平原荒漠及干旱山坡。

植株呈灰绿色，有樟味。

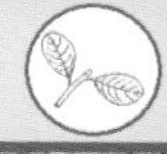

①
2
3
4
1
2
3

长穗柽柳

柽柳科 柽柳属

Tamarix elongata

Longspike Tamarisk | chángsuìchēngliǔ

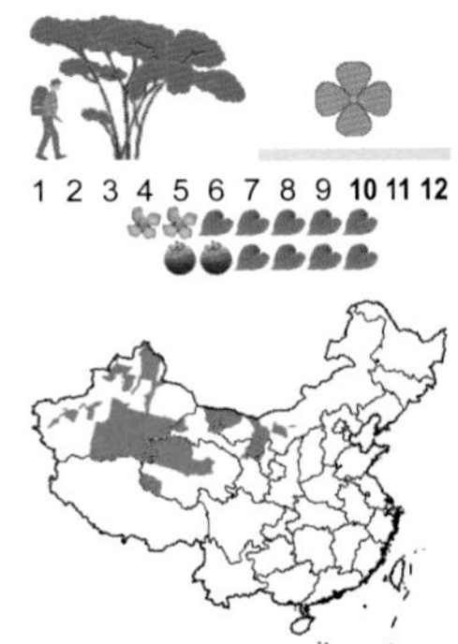

灌木或小乔木①；老枝灰色，去年生枝淡黄色，营养小枝淡黄绿色；叶宽条形，长1～9 mm，宽0.3～3 mm，锐尖，具耳，半抱茎；总状花序侧生在去年生枝上③，粗壮，圆柱形；花4数②，花后即落；据记载秋季偶二次开花，二次花为5数；蒴果卵状披针形④。

产于新疆、甘肃(河西)、青海(柴达木)、宁夏北部和内蒙古。生于荒漠地区河谷阶地、干河床和沙丘上。

枝淡黄色；叶宽条形；总状花序粗壮；花4数。

短穗柽柳

柽柳科 柽柳属

Tamarix laxa

Shortspike Tamarisk | duǎnsuìchēngliǔ

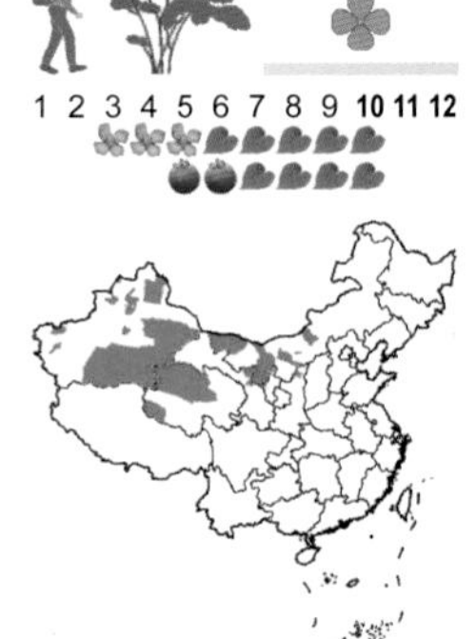

灌木；树皮灰色，幼枝灰色，小枝易折断；叶黄绿色，披针形；总状花序侧生在去年生的老枝上①，花序较短②，最长不超过6 cm；花瓣4枚②，向外反折，花后脱落；蒴果长圆锥形③；种子小，芒柱基部被长柔毛④。

产于内蒙古及西北各省区。生于荒漠河流阶地、湖盆和沙丘边缘，土壤强盐渍化或盐土上。

总状花序较短；花期早，3月末到4月初(是柽柳属开花最早的一种)。

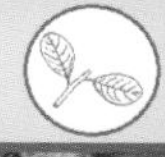

1
3
2
4
1
3
2
4

四合木 油柴 蒺藜科 四合木属

Tetraena mongolica

Mongolian Tetraena | sìhémù

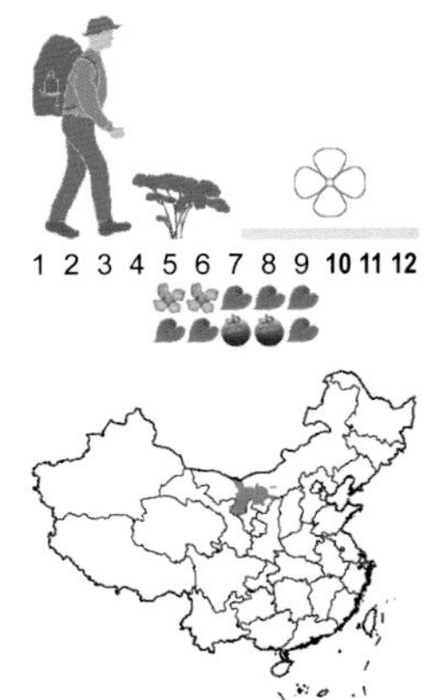

小灌木①②；老枝棕红色④，一年生枝黄白色③；叶在老枝者近簇生，在一年生枝者2枚③；叶有短刺尖③④，两面密被叉状毛，呈灰绿色；花单生于叶腋，花瓣4枚，白色④；果4瓣裂。

产于内蒙古西部至宁夏贺兰山东麓，集中分布于内蒙古乌海。生于黄河阶地、低山山坡。

老枝棕红色；叶有短刺尖；果4瓣裂。

老瓜头 飘柴 老鸹头 萝藦科 鹅绒藤属

Cynanchum komarovii

Komarov Swallowwort | lǎoguātóu

直立半灌木；根须状；茎自基部密丛生①，直立，圆柱形，具纵细棱；叶革质，对生，窄椭圆形②，基部楔形；聚伞花序近顶部腋生；花萼5深裂，两面无毛；花冠紫红色③；蓇葖果单生，纺锤状④；种子扁平；种毛白色。

产于内蒙古、甘肃西部、陕西北部、山西、宁夏、青海、河北。生于沙漠及黄河岸边或荒山坡，垂直分布可达海拔2000 m左右。

叶革质，对生，窄椭圆形；花冠紫红色。

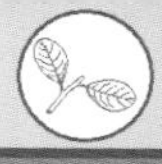

1
3
2
4
1
3
2
4

刚毛柽柳 毛红柳 柽柳科 柽柳属

Tamarix hispida

Kashgar Tamarisk | gāngmáochēngliǔ

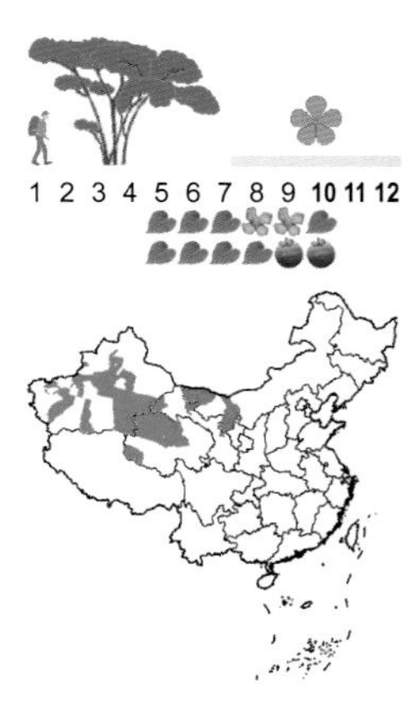

灌木或小乔木①；枝叶密被短直毛，幼枝叶半抱茎，被密柔毛；叶卵状披针形，具发达耳；总状花序夏秋生于当年枝顶，集成顶生圆锥花序②③；花全为5数，花开时反折，紫红色②③；蒴果披针形④；种子紫黑色。

产于新疆、青海柴达木、甘肃河西、宁夏北部和内蒙古(西部至磴口)。生于河漫滩、淤积平原和湖盆边缘的盐土上，盐碱化草甸和沙丘间。

枝叶密被短直毛；花期晚，秋季开花。

密花柽柳 山川柽柳 柽柳科 柽柳属

Tamarix arceuthoides

Denseflower Tamarisk | mìhuāchēngliǔ

灌木或小乔木①；老枝树皮红黄色，一年生枝向上直伸，红紫色；叶淡黄绿色；春季总状花序侧生去年老枝上②④，花密，花期最长，夏秋总状花序生于当年枝上；花瓣5枚，紫色②④，花后脱落；蒴果小而狭细；种子小，芒柱基部被长柔毛③。

产于新疆和甘肃河西。生于山前河地，砾质河谷湿地。

春季总状花序侧生于去年枝上，花密，花期最长。

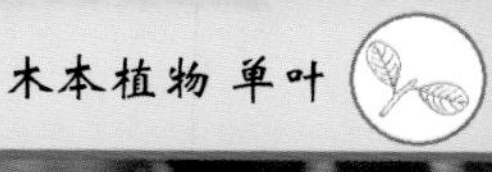

1
3
2
4
1
2
3
4

多枝柽柳 红柳 柽柳科 柽柳属

Tamarix ramosissima

Branchy Tamarisk | duōzhīchēngliǔ

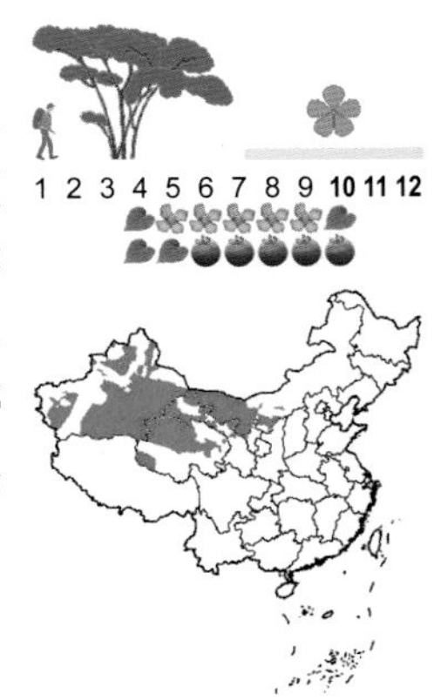

灌木或小乔木①。老枝暗灰褐色，二年生枝淡红色。叶在二年生枝上呈条状披针形④；绿色枝上叶宽卵形④。总状花序春季生在去年生枝上，夏秋生于当年生枝顶端①②③；花5数；花瓣形成闭合的酒杯花冠，宿存，紫红色①②③或粉白色；花盘5裂，雄蕊5枚；花柱3枚。蒴果三角状圆锥形。

产于西藏、新疆、青海、甘肃、内蒙古和宁夏。生于河漫滩、河谷阶地上，沙质和黏土质盐碱化的平原上，沙丘上。

叶条状披针形，基部短，半抱茎；花瓣呈酒杯状。

五柱红砂 五柱枇杷柴 柽柳科 红砂属

Reaumuria kaschgarica

Kashgar Reaumuria | wǔzhùhóngshā

小灌木，具多数曲拐的细枝①②，成垫状；老枝灰棕色①，当年生枝淡红色；叶近圆柱形③，肉质；花单生小枝顶端；花瓣5枚②③；花柱5枚③；朔果卵形，瓣裂。

产于新疆、西藏北部、青海柴达木、甘肃。生于盐土荒漠、草原、石质和砾质山坡、阶地和杂色的砂岩上。

花单生小枝顶端；花柱5枚。

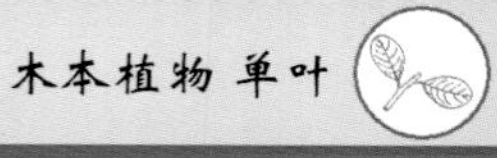

1
3
2
4
1
3
2

长叶红砂 黄花枇杷柴 柽柳科 红砂属

Reaumuria trigyna

Yellowflower Reaumuria | chángyèhóngshā

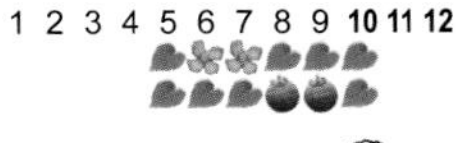

小半灌木；植株多分枝①，小枝略开展，老枝灰黄色或褐灰白色，树皮片状剥裂②；当年枝由老枝顶部发出②；叶肉质③，圆柱形，长5～15 mm；萼片离生；花瓣黄白色④；蒴果长圆形③，长达1 cm，3瓣裂；种子全部被毛。

产于内蒙古、甘肃、宁夏。生于荒漠及荒漠草原带。

叶长圆柱形，长5～15 mm。是红砂属中叶子较长的一种。

红砂 琵琶柴 枇杷柴 柽柳科 红砂属

Reaumuria soongarica

Songory Reaumuria | hóngshā

1 2 3 4 5 6 7 8 9 10 11 12

小灌木①；老枝灰褐色，小枝多拐曲，灰白色；叶肉质，短圆柱形②③，长0.5～5 mm，灰蓝绿色，具点状的泌盐腺体，常4～6枚簇生；花期常粉红色②；花柱3枚；蒴果纺锤形④，3瓣裂；种子有长柔毛③。

产于新疆、青海、甘肃、宁夏和内蒙古，直到东北西部。多生荒漠区的山前冲积、洪积平原上和粗砾质戈壁。

花单生叶腋；花柱3枚。

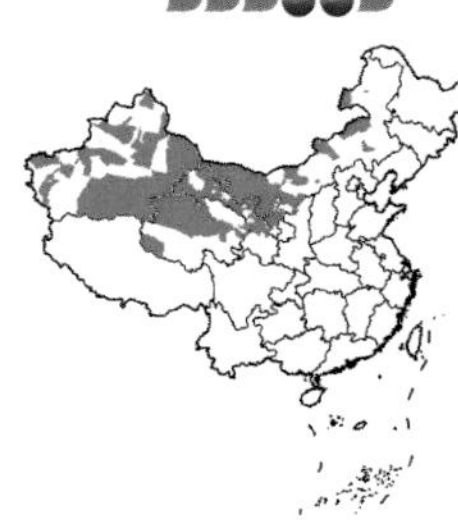

1
3
2
4
1
3
2
4

细穗柽柳　柽柳科 柽柳属

Tamarix leptostachys

Thinspike Tamarisk | xìsuìchēngliǔ

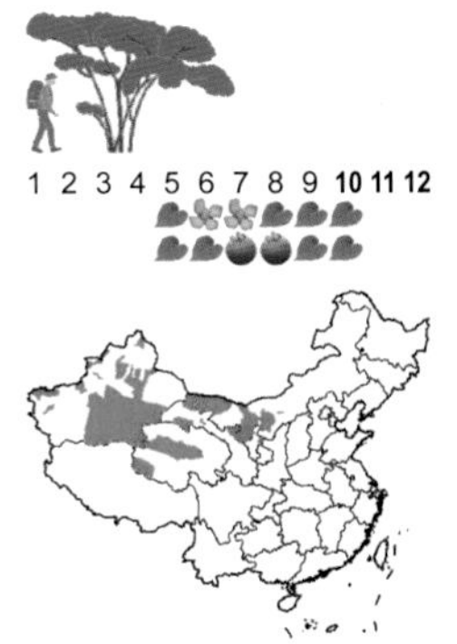

灌木②；老枝树皮淡棕色，当年生长枝灰紫色；生长枝上的叶狭卵形，急尖，半抱茎；总状花序细长①③，生于当年生幼枝顶端；花5数，花瓣紫色或玫瑰色①②③，早落；蒴果长圆锥形；种子小，芒柱基部被长柔毛④。

产于新疆、青海、甘肃、宁夏和内蒙古。生于荒漠地区的潮湿和松陷盐土上，以及丘间低地、河湖沿岸、河漫滩。

总状花序细长，生于当年生幼枝顶端。

半日花　半日花科 半日花属

Helianthemum songaricum

Songarian Sunrose | bànrìhuā

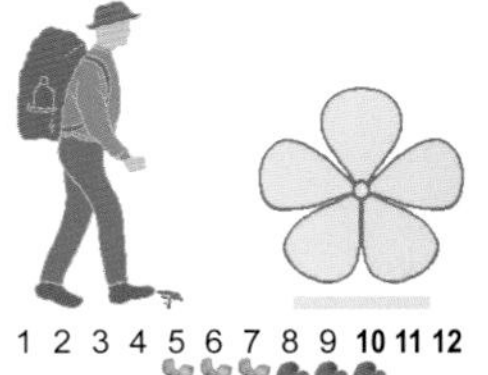

小灌木或半灌木①②③；老枝褐色，小枝先端成刺状；叶对生④，革质全缘，边缘常反卷，两面均被白色短柔毛；花单生枝顶，花瓣5枚，淡黄色①②③④或橘黄色；蒴果外被短柔毛，3瓣裂；种子卵形，渐尖，褐棕色，有棱角。

产于新疆准噶尔盆地、甘肃河西、内蒙古鄂尔多斯西部。生于草原化荒漠区的石质和砾质山坡。超旱生植物，为古老的残遗种。

叶对生；花单生，5瓣，淡黄色或橘黄色。

白刺 唐古特白刺 酸胖 蒺藜科 白刺属

Nitraria tangutorum

Tangutorum Nitraria | báicì

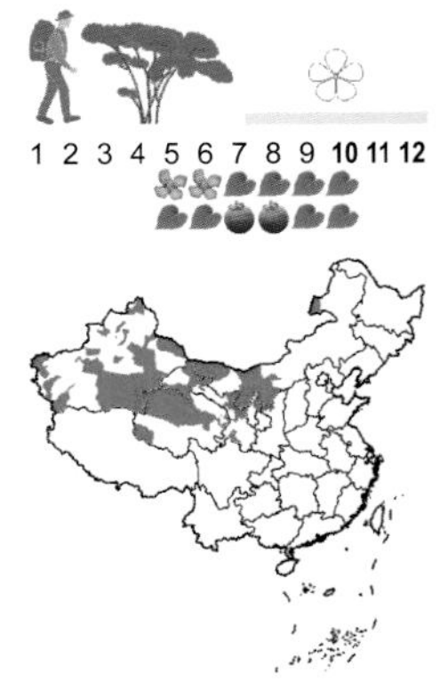

灌木；多分枝，平卧或开展①；小枝灰白色，不育枝先端针刺状；叶在嫩枝上2～4枚簇生，倒披针形④；花序顶生，稠密，黄白色；肉质浆果，熟时深红色②③，干时黄褐色或黑褐色④。

产于内蒙古、西藏及西北各省区。生于荒漠的湖盆沙地、河流阶地、平原积沙地及风积沙的黏土地。

叶倒披针形；浆果熟时深红色。

泡泡刺 泡果白刺 蒺藜科 白刺属

Nitraria sphaerocarpa

globose-fruit Nitraria | pàopàocì

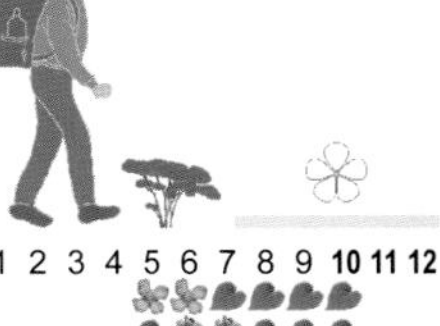

灌木；枝平卧①，不育枝先端刺针状，嫩枝白色；叶2～3枚簇生②，条形；果未熟时披针形③，密被黄褐色柔毛，成熟时外果皮干膜质，膨胀成球形（④中）；果核狭纺锤形（④左），表面具蜂窝状小孔。

产于内蒙古西部，甘肃河西，新疆。生于戈壁、山前平原和砾质平坦沙地。

枝平卧；叶窄条形；果成熟时果皮膨胀成球形、干膜质。

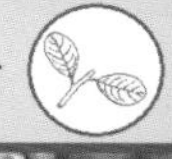

1
3
2
4
1
3
2
4

大叶白麻 野麻 大花罗布麻 夹竹桃科 白麻属

Poacynum hendersonii

Large-leaf Poacynum | dàyèbáimá

直立半灌木或草本①，具乳汁；枝条互生；叶互生①④，稀对生；圆锥状的聚伞花序1至多数，顶生；花冠骨盆状②，下垂，外面粉红色，内面稍带紫色；蓇葖果2枚，圆筒状④；种子长圆形③，顶端具1簇白色种毛。

产于新疆、青海和甘肃等省区。生于盐碱荒地和沙漠边缘及河流两岸和湖泊周围。

叶常互生；花大，骨盆状，下垂。

罗布麻 茶叶花 野麻 夹竹桃科 罗布麻属

Apocynum venetum

Dogbane | luóbùmá

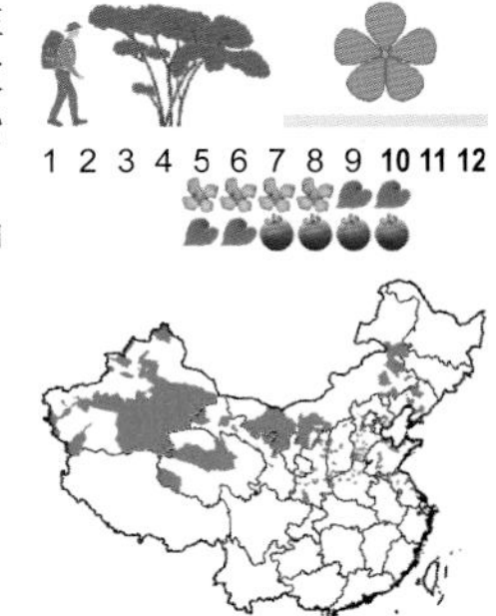

直立半灌木或多年生草本①，具乳汁（③左下）；枝条对生或互生，紫红色；叶对生，叶片披针形③；圆锥花序常顶生①，花冠钟形②，花冠紫红色或粉红色；果实柱状④，下垂。

产于我国华北、西北各省区。生于盐碱荒地和沙漠边缘及河流两岸、冲积平原、湖泊周围。

叶常对生；花小，钟形。

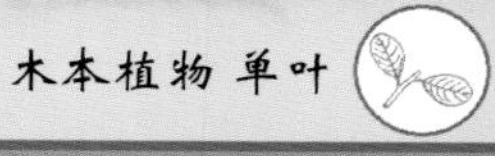

1
2
3
4
1
2
3
4

木本补血草　白花丹科 补血草属

Limonium suffruticosum

Shrubby Sealavender | mùběnbǔxuècǎo

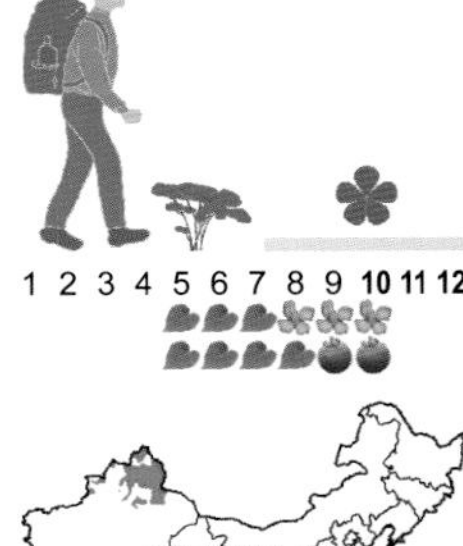

半灌木①；根粗壮；茎基木质②，从基部分枝；叶在当年枝的上部互生，肥厚，披针状匙形④，长1～5 cm，宽2～8 mm，先端圆；花序轴自当年枝的叶腋伸出，无不育枝；穗状花序生在花序分枝的各节和顶端①③；花萼倒圆锥状，萼檐白色，5裂；花冠淡紫色至淡蓝紫色③。

产于新疆北疆。生于山前平原、盐化沙地、戈壁盐碱地、草甸盐土。

叶互生，肥厚，披针状匙形；花冠淡紫色至淡蓝紫色。

裸果木　瘦果石竹　石竹科 裸果木属

Gymnocarpos przewalskii

Przewalski Gymnocarpos | luǒguǒmù

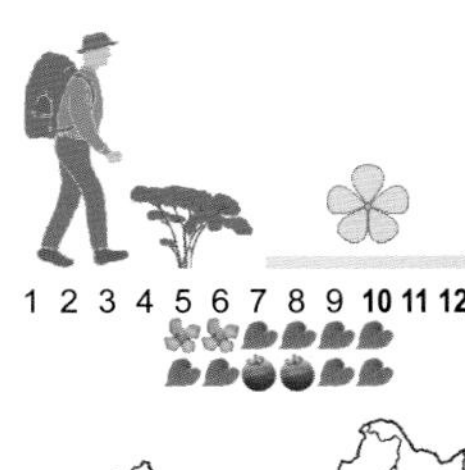

半灌木；茎分枝多曲折①，老枝灰色，幼枝红褐色②，节膨大；叶钻形②，具锐尖头，对生，无叶柄；托叶膜质，鳞片状；聚伞花序腋生；苞片膜质；萼片5枚④；无花瓣；瘦果③；种子1枚。

产于内蒙古、宁夏、甘肃、青海和新疆。生于荒漠区的干河床、戈壁滩、砾石山坡。

老枝灰色，幼枝红褐色；叶钻形，对生；苞片膜质。

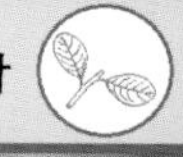

1
3
2
4
1
3
2
4

小檗叶蔷薇 单叶蔷薇 蔷薇科 蔷薇属

Rosa berberifolia

Barber-ryleaf Rose | xiǎobòyèqiángwēi

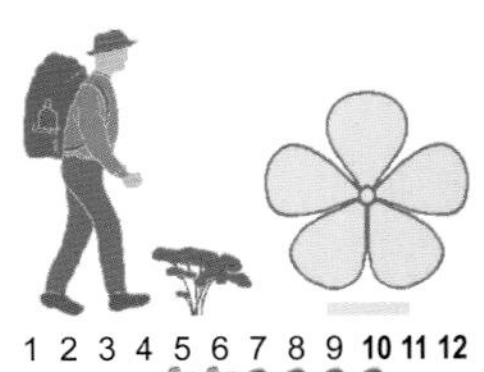

矮小灌木①；枝具刺，生叶片基部；单叶互生①②；花单生枝端；花瓣黄色③，基部有紫斑；雄蕊紫色③；果实近球形④，紫褐色，密被针刺。

产于新疆北疆。生于干旱荒地及碎石地。

枝具刺；单叶互生；花瓣黄色，基部有紫斑。

蒙古扁桃 蔷薇科 桃属

Amygdalus mongolica

Mongolian Peach | měnggǔbiǎntáo

灌木；枝条开展①②，多分枝，小枝顶端成枝刺；嫩枝红褐色，老时灰褐色；短枝上叶多簇生①，长枝上叶常互生；花常单生于短枝上；花瓣倒卵形，长5～7 mm，粉红色③；果实密被柔毛④；果肉薄，成熟时开裂，离核；核具浅沟纹。

产于内蒙古、甘肃和宁夏。生于荒漠区的低山丘陵、石质坡地及干河床。

小枝顶端成枝刺；果肉薄，离核。

1
3
2
4
1
3
2
4

金丝桃叶绣线菊 兔耳条 蔷薇科 绣线菊属

Spiraea hypericifolia

St.Johnswortleaf Spiraea | jīnsītáoyèxiùxiànjú

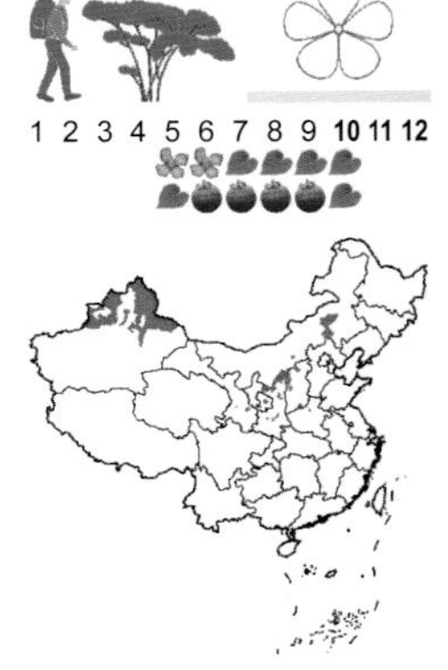

灌木；枝条直立而开展①，小枝圆柱形④，棕褐色，老时灰褐色；叶片长圆倒卵形③；伞形花序无总梗④；花瓣近圆形，白色①②；蓇葖果直立开张④，花柱顶生于背部。

产于黑龙江、内蒙古、山西、陕西、甘肃和新疆。生于干旱地区向阳坡地或灌木丛中，海拔600～2200 m。

伞形花序无总梗。

鹰爪柴 铁猫刺 鹰爪 旋花科 旋花属

Convolvulus gortschakovii

Gortschakov's Glorybind | yīngzhǎochái

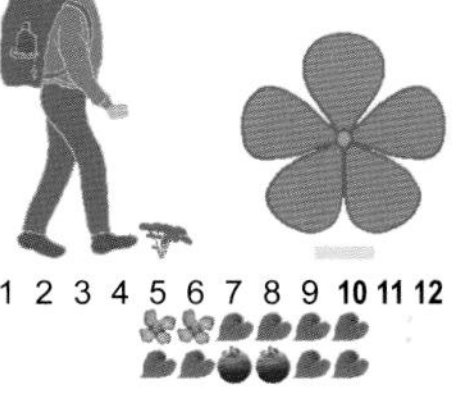

亚灌木或近于垫状小灌木①；小枝具短而坚硬的刺①；2枚外萼片显著宽于3枚内萼片④；花单生侧枝上①②③，常在末端具2个小刺；花冠漏斗状，玫瑰色①②或淡白色③。

产于陕西、甘肃、宁夏、内蒙古和新疆。生于沙漠、干燥多砾石的山坡。

2枚外萼片显著宽于3枚内萼片。

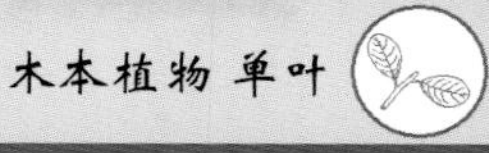

1
3
2
4
1
3
2
4

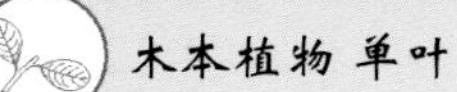

黑果枸杞 苏枸杞 茄科 枸杞属

Lycium ruthenicum

Blackfruit Wolfberry | hēiguǒgǒuqǐ

灌木，多棘刺②；分枝多①，常成“之”字形曲折，白色或灰白色，小枝顶端成棘刺状②；叶2～6枚簇生于短枝上②③④，肉质，近无柄，顶端钝圆；花1～2朵生于短枝上③；花冠漏斗状，淡紫色③；雄蕊着生于花冠筒中部，花柱与雄蕊近等长③；浆果球形，成熟后黑紫色④。

产于西藏及西北各省区。生于盐碱土荒地、沙地或路旁。

叶肉质，近棒状；浆果球形，成熟后黑紫色。

柱筒枸杞 茄科 枸杞属

Lycium cylindricum

Cylindrical Wolfberry | zhùtǒnggǒuqǐ

灌木；分枝多“之”字状曲折，白色或带淡黄色①；叶单生或在短枝上2～3枚簇生，披针形①；花单生或有时2朵同叶簇生①；花冠漏斗状，淡紫色①③；花冠筒明显长于檐部裂片④，裂片边缘有缘毛；花丝基部密生1圈茸毛④；浆果红色②。

产于新疆奇台县。生于砾质荒漠。

花冠筒明显长于檐部裂片；叶披针形。

1
3
2
4
1
3
2
4

戈壁天门冬　百合科 天门冬属

Asparagus gobicus

Desertliving Asparagus | gēbìtiānméndōng

半灌木；茎下部直立，上部强烈回折状①，常具纵向剥离的白色薄膜；叶状枝簇生③，近圆柱形；花1～2朵腋生；浆果球形②，成熟时红色①③④。

产于内蒙古、陕西北部、宁夏、甘肃和青海东部。生于海拔1600～2560 m的沙地或多沙荒原上。

茎下部直立，上部强烈回折状；叶状枝簇生，近圆柱形。

准噶尔无叶豆　豆科 无叶豆属

Eremosparton songoricum

Songorian Eremosparton | zhǔngá'ěrwúyèdòu

灌木；茎由基部多分枝①，嫩枝绿色；叶退化为鳞片状；花单生叶腋，总状花序③；花1～2朵腋生③；花冠紫色③，旗瓣宽肾形，翼瓣矩圆形；荚果膜质，稍膨胀①②④，卵圆形，具尖喙。

产于新疆阜康市和奇台县。生于流动或半固定沙丘、沙地。

无叶，多分枝；花紫色；荚果膨胀成卵圆形。

1
2
3
4
1
2
3
4

骆驼刺　疏叶骆驼刺　豆科 骆驼刺属

Alhagi sparsifolia

Manaplant Alhagi | luòtuocì

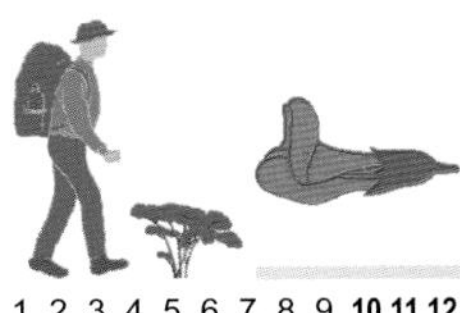

半灌木；茎直立②，具细条纹；叶互生①④，先端圆形，具短硬尖，基部楔形，具短柄；总状花序，腋生，花序轴变成坚硬的锐刺④；花冠红色③；荚果念珠状①，直或稍弯。

产于内蒙古、甘肃、青海和新疆。生于荒漠地区的沙地、河岸、农田边。

花序轴成坚硬的刺；花红色；荚果念珠状。

小沙冬青　新疆沙冬青 矮黄花　豆科 沙冬青属

Ammopiptanthus nanus

Dwarf Ammopiptanthus | xiǎoshādōngqīng

常绿灌木①；老枝黄褐色，小枝呈灰白色；通常单叶①②，小叶阔椭圆形至卵形③，具3条主脉，两面密被短柔毛，呈灰绿色；总状花序短①②，生枝端；花冠黄色①②；荚果矩圆形④，扁，稍波皱，微膨胀。

主产新疆乌恰县和阿克陶县。生于卵石河床、砾石质山坡。

植株矮，小于1 m；通常单叶，具明显3条主脉。

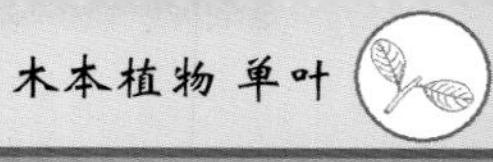

1
2
3
4
1
3
2
4

平原黄芩　唇形科 黄芩属

Scutellaria sieversii

Plain Skullcap ｜ píngyuánhuángqín

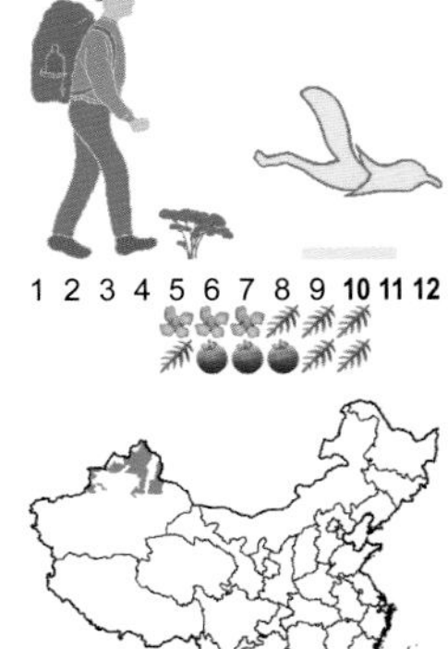

半灌木；根茎木质，多弯曲；茎基部分枝①，四棱形，绿色或常带紫红色；叶宽卵圆形、楔形或椭圆形，边缘每侧具3～8个钝锯齿②，齿长1～5 mm；花序长2～6 cm③④；苞片近膜质，卵圆形；花冠黄色①③④，有时上下唇局部带紫红色或暗紫色斑。

主产新疆阿勒泰地区及托里、霍城、伊宁、巩留。生于河岸、湖边沙地、砾石质山坡。

叶缘分裂较浅，钝锯齿。

深裂叶黄芩　艾叶黄芩　唇形科 黄芩属

Scutellaria przewalskii

Przewalsk Skullcap ｜ shēnlièyèhuángqín

半灌木。茎多数①，钝四棱形。叶片卵圆形，先端钝，基部近截形，边缘羽状深裂②。花序总状①③④，果时长达7 cm；花冠长2.5～3.3 cm，黄色①③④；雄蕊4枚，前对较长，后对较短。小坚果三棱状卵圆形。

产于新疆天山北坡，甘肃亦产。生于草地、干旱坡地及河岸阶地，海拔900～2300 m。

叶缘羽状深裂，裂片深达叶片之半。

1
3
2
4
1
3
2
4

大花神香草　唇形科 神香草属

Hyssopus macranthus

Largeflower Hyssop | dàhuāshénxiāngcǎo

1 2 3 4 5 6 7 8 9 10 11 12

小半灌木②；茎基部木质，褐色，上部变绿色，四棱形；叶簇生，线形，先端钝，基部楔形，两面光滑无毛，具凹陷的腺点；穗状花序顶生①②③，多少排列于一侧；花萼具15条脉④，齿间具瘤状小突起；花冠紫色①②③，长约13 mm；雄蕊4枚，前对稍长，伸出花冠很多①③。

主产新疆托里县。生于塔尔巴哈台山的山地草原。

植株具芳香味；叶线形，先端钝；花萼具15条脉，齿间具瘤状小突起；花冠长约13 mm。

蒙古莸　山狼毒　马鞭草科 莸属

Caryopteris mongholica

Mongolian Bluebeard | měnggǔyóu

1 2 3 4 5 6 7 8 9 10 11 12

小灌木，常自基部分枝②；嫩枝紫褐色①，圆柱形；叶片线状披针形①，表面稍被毛，背面密生灰白色茸毛；聚伞花序腋生①③；花冠蓝紫色①②③，5裂；蒴果球形④，成熟时裂为4个小坚果。

产于河北、山西、陕西、内蒙古、甘肃和新疆哈密。生于海拔1100～1250 m的干旱坡地、沙丘荒野及干旱碱质土壤上。

植株具芳香味；单叶；聚伞花序；蒴果成熟时裂为4个小坚果。

1
2
3
4
1
2
3
4

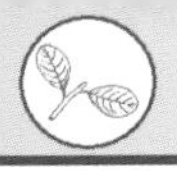

黑沙蒿 油蒿 沙蒿 菊科 蒿属

Artemisia ordosica

Ordos Wormwood | hēishāhāo

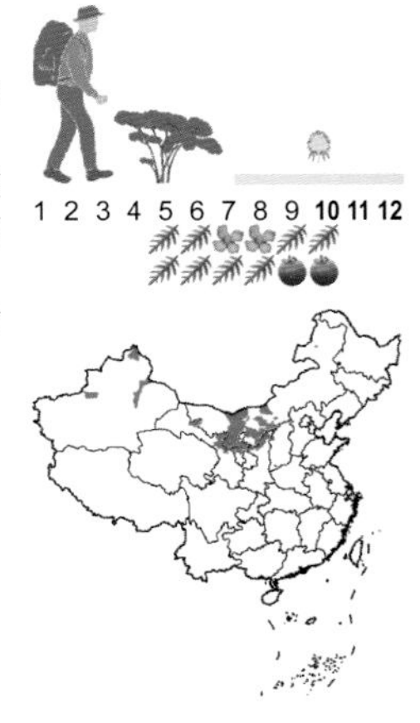

小灌木；根状茎粗壮，具多数营养枝；茎多数，分枝多，茎、枝与营养枝常组成大的密丛①；老枝暗灰白色③，当年生枝紫红色②或黄褐色；茎下部叶宽卵形或卵形，一至二回羽状全裂③，叶柄短；头状花序在茎上组成开展的圆锥花序④。

产于内蒙古、河北、山西、陕西、宁夏、甘肃和新疆。生于流动、半流动沙丘及干旱草原上。

老枝暗灰白色，当年生枝紫红色或黄褐色。

密枝喀什菊 菊科 喀什菊属

Kaschgaria brachanthemoides

Densebranch Kaschgaria | mìzhīkāshíjú

半灌木；茎簇生②③，多分枝；当年生枝多数，光滑，具细棱；上部叶全缘，线形④，基部叶顶端常3裂①；头状花序常2～5个生于枝端成伞房花序④。

主产新疆阿勒泰、乌鲁木齐及喀什。生于干燥山谷。

茎簇生，多分枝；上部叶线形，基部叶顶端常3裂。

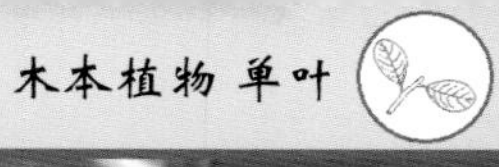

1
3
2
4
1
2
3
4

蓼子朴 黄喇嘛 秃女子草 菊科 旋覆花属

Inula salsoloides

Salsola-like Inula | liǎozǐpò

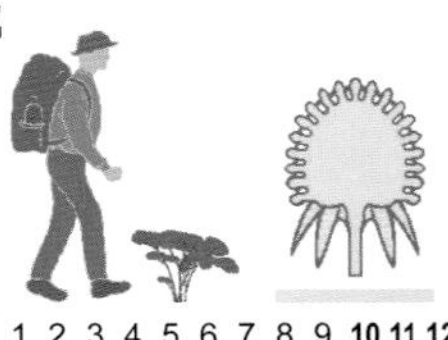

半灌木；茎直立，基部有密集的分枝②，使植株成帚状，中部以上有较短的分枝；叶披针状④，全缘，基部心形或有小耳，半抱茎，稍肉质；头状花序单生于枝端①②③；舌状花舌片长圆状线形，黄色①②③；筒状花上部窄漏斗状，黄色；瘦果有5棱。

产于新疆、内蒙古、青海、甘肃、陕西、河北、山西和辽宁。生于干旱草原、固定沙丘、湖河沿岸冲积地，黄土高原的风沙地和丘陵顶部。

植株成帚状；叶披针状，基部常心形或有小耳，半抱茎。

灌木亚菊 菊科 亚菊属

Ajania fruticulosa

Shrubby Ajania | guànmùyàjú

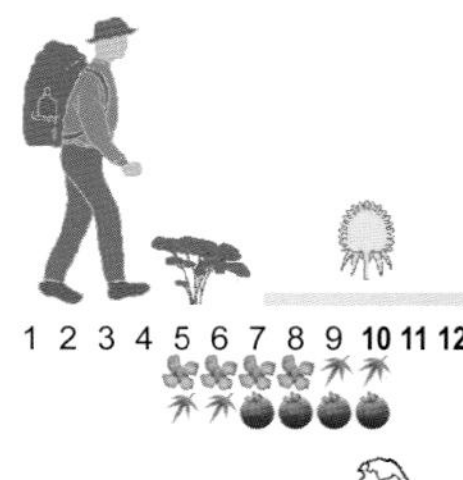

小半灌木；根粗壮，木质；老枝麦秆黄色，花枝灰白色或灰绿色①②④；叶两面同色，灰白色或淡绿色；头状花序在枝端排成伞房或复伞房状②③④；总苞片边缘白色或浅褐色，膜质；边缘雌花约5朵。

产于内蒙古、陕西、甘肃、青海、新疆和西藏。生于荒漠及荒漠草原，海拔550～4900 m。

头状花序在枝端排成伞房或复伞房状；总苞片边缘白色或浅褐色。

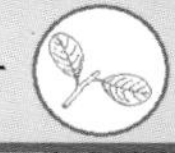

1
2
3
4
1
3
2
4

灌木紫菀木

菊科 紫菀木属

Asterothamnus fruticosus

Shrubby Asterothamnus | guànmùzǐwǎnmù

半灌木；茎呈帚状分枝①②④，下部木质，淡黄色，上部草质，灰绿色；叶较密集，线形，边缘反卷，具1条明显的中脉；头状花序较大，在茎枝端排列成疏伞房花序③；总苞片3层，背面被疏蛛丝状短茸毛，边缘白色宽膜质。

产于新疆中部和西部。生于荒漠草原、戈壁。

茎多分枝，呈帚状，被稀疏茸毛；总苞片顶端淡绿色或近白色。

中亚紫菀木

菊科 紫菀木属

Asterothamnus centrali-asiaticus

Central Asian Asterothamnus | zhōngyàzǐwǎnmù

1 2 3 4 5 6 7 8 9 10 11 12

半灌木；茎多数①，簇生，下部多分枝，上部有花序枝，被灰白色蛛丝状短茸毛；叶近线形，边缘反卷，具1条明显的中脉，上面灰绿色，下面被灰白色蜷曲密茸毛；总苞片顶端紫红色；舌状花淡蓝紫色①②，管状花黄色；瘦果倒披针形③；冠毛白色③。

产于青海、甘肃、宁夏和内蒙古。生于草原或荒漠地区。

茎下部多分枝，密被蛛丝状短茸毛；总苞片顶端常紫红色。

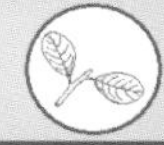

1
3
2
4
1
2
3

霸王 蒺藜科 霸王属

Sarcozygium xanthoxylon

Common Beancaper | bàwáng

灌木；枝弯曲，开展①，皮淡灰色③④，木质部黄色，先端具刺尖；叶在老枝上簇生②，幼枝上对生；小叶1对②，条形，先端圆钝，肉质；花生于老枝叶腋，萼片绿色，花瓣黄色，雄蕊长于花瓣；蒴果近球形③④，长18～40 mm，翅宽5～9 mm。

产于内蒙古西部、甘肃西部、宁夏西部、新疆。生于荒漠和半荒漠的沙砾质河流阶地、低山山坡、碎石低丘和山前平原。

蒴果近球形；萼片在果期脱落；小叶倒卵形。

喀什霸王 蒺藜科 霸王属

Sarcozygium kaschgaricum

Kashgar Beancaper | kāshí bàwáng

灌木；枝弯曲①，先端刺针状，节间短，皮灰绿色，木质部黄色；托叶小，膜质；叶簇生老枝上②，小叶1对，肉质，条形，先端钝；花1～2朵腋生；萼片4枚，果期常宿存；蒴果倒卵形②③，翅宽约2 mm，先端有尖头，果下垂。

产于新疆喀什地区。生于低山冲蚀沟边。

蒴果长倒卵形；萼片在果期宿存；小叶条形。

1
3
2
4
1
3
2

宽刺蔷薇 密刺蔷薇 蔷薇科 蔷薇属

Rosa platyacantha

Broad Spine Rose | kuāncìqiángwēi

灌木①；小枝暗红色，具直而扁宽的皮刺，不混生针状刺；小叶5～9片④，近圆形，先端圆钝，基部宽楔形，边缘有锯齿；花单生叶腋；花瓣黄色②，倒卵形，先端微凹；果成熟时黑紫色③④；萼片直立④，宿存。

产于新疆北疆。生于海拔1400～2400 m的河滩地、碎石坡地、沟谷灌丛或林缘。

花瓣黄色，花单生。

疏花蔷薇 蔷薇科 蔷薇属

Rosa laxa

Looseflower Rose | shūhuāqiángwēi

灌木。小枝圆柱形，有成对或散生、镰刀状、浅黄色皮刺②。小叶7～9片②，常椭圆形，边缘有单锯齿。花白色①③，常3～6朵组成伞房花序。花柱离生③，比雄蕊短很多。果卵球形或长圆形，红色④，萼片宿存。

产于新疆。生于山坡灌丛、林缘及干河沟旁。

花白色，常3～6朵组成伞房花序。

1
3
2
4
1
3
2
4

绵刺　　蔷薇科 绵刺属

Potaninia mongolica

Mongolian Potaninia | miáncì

小灌木，植株具长绢毛。茎多分枝②④，灰棕色。叶具3或5枚小叶①③；叶柄坚硬，宿存成刺状。花单生于叶腋，白色①或粉红色；萼筒漏斗状，先端锐尖①；雄蕊花丝比花瓣短①。瘦果长圆形，浅黄色，外有宿存萼筒。

产于内蒙古。生于沙质荒漠，强度耐旱耐盐碱。

叶具3或5枚小叶；叶柄宿存成刺状；花单生，白色或粉红色。

木黄芪　　豆科 黄芪属

Astragalus arbuscula

Woody Milkvetch | mùhuángqí

灌木，多分枝①；老枝黄灰色或黄褐色；小叶2～4(6)对，条形，很少条状披针形或矩圆状卵形，两面被丁字毛；花序近头状或矩圆形①；萼筒密被黑色和白色毛；花冠紫红色①；荚果条形②③，被白色和黑色丁字毛。

产于新疆的吉木萨尔、乌鲁木齐、富蕴、塔城、霍城。生于石质山坡，常见于小蓬荒漠。

灌木，茎发达；花序近头状。

1
2
3
4
1
3
2

猫头刺 刺叶柄棘豆 豆科 棘豆属

Oxytropis aciphylla

Spinyleaf Crazyweed | māotóucì

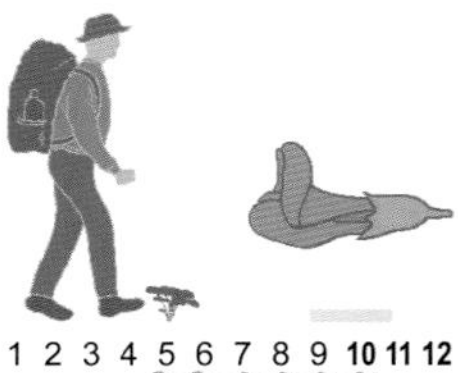

从生矮小半灌木；茎多分枝，开展，植株呈球状①；托叶白色膜质，下部与叶柄结合；叶轴先端针刺状②；偶数羽状复叶②，小叶先端渐尖；花冠紫红色③，旗瓣倒卵形，翼瓣短于旗瓣，龙骨瓣短于翼瓣；荚果硬革质④，密生白色平伏柔毛。

产于内蒙古及西北各省区。生于半固定沙地、覆沙的硬梁地。

偶数羽状复叶，小叶先端具刺；荚果硬革质。

粗毛锦鸡儿 豆科 锦鸡儿属

Caragana dasyphylla

Thickleaf Peashrub | cūmáojǐnjī'ér

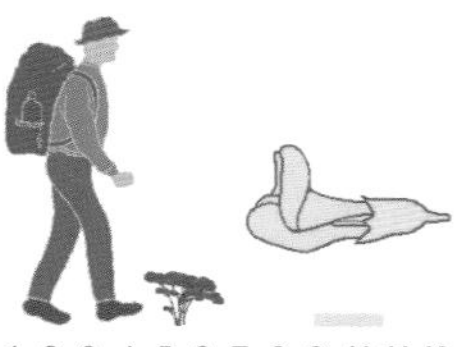

矮灌木；树皮灰褐色，有不规则条棱。托叶在长枝者针刺状宿存；叶轴在长枝者硬化成针刺；小叶2对②，长枝上叶羽状，短枝者假掌状或簇生。花萼管状钟形③；花冠黄色①③。荚果圆柱状④，无毛，先端尖。

产于新疆。生于干山坡。

小叶2对，长枝上叶羽状，短枝上小叶无叶轴。

1
3
2
4
1
3
2
4

刺叶锦鸡儿 豆科 锦鸡儿属

Caragana acanthophylla

Spinyleaf Peashrub | cìyèjǐnjī'ér

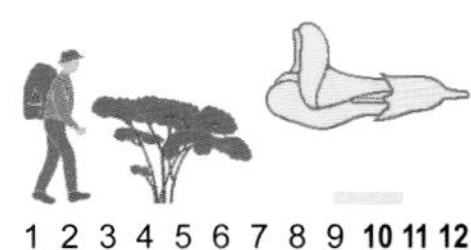

灌木；由基部多分枝①。老枝深灰色，一年生枝浅褐色。羽状复叶有(2)3～4(5)对小叶③；托叶在长枝者硬化成针刺②，宿存，短枝者脱落；叶轴在长枝者硬化成针刺②，粗壮；小叶倒卵形③，先端有刺尖。花冠黄色①②；荚果长2～3 cm③④。

产于新疆北疆。生于干山坡、山前平原、河谷、沙地。

羽状复叶有2～5对小叶；托叶在短枝者脱落。

柠条锦鸡儿 柠条 白柠条 毛条 豆科 锦鸡儿属

Caragana korshinskii

Korshinsk Peashrub | níngtiáojǐnjī'ér

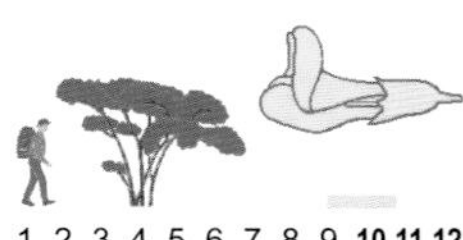

灌木；老枝金黄色，有光泽；嫩枝被白色柔毛；羽状复叶有6～8对小叶②；托叶在长枝者硬化成针刺，宿存；小叶先端锐尖或稍钝，有刺尖②，基部宽楔形，灰绿色；花冠黄色①③；荚果扁④，披针形。

产于内蒙古、甘肃、宁夏和新疆。生于半固定和固定沙地。

老枝金黄色；羽状复叶有6～8对小叶；荚果披针形。

1
3
2
4
1
2
3
4

铃铛刺 盐豆木 耐碱树 豆科 铃铛刺属

Halimodendron holodendron

Siberian Salttree | língdāngcì

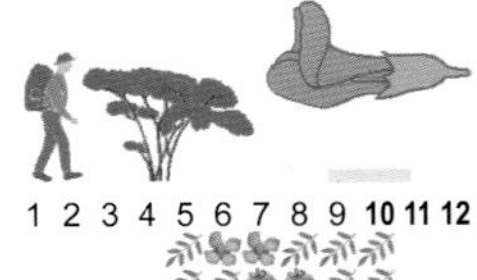

灌木。老枝淡褐色；分枝密①，具短枝；长枝有棱。叶轴宿存，呈针刺状②③④；偶数羽状复叶，小叶倒披针形②③，顶端有凸尖。总状花序具2～5朵花；花冠淡紫色③。荚果矩圆状卵形②④，革质，膨胀。种子小，微呈肾形。

产于内蒙古、新疆和甘肃。生于荒漠盐化沙土和河流沿岸的盐渍土上，也常见于胡杨林下。

偶数羽状复叶；花冠淡紫色；荚果膨胀。

沙冬青 蒙古沙冬青 蒙古黄花木 豆科 沙冬青属

Ammopiptanthus mongolicus

Mongolian Ammopiptanthus | shādōngqīng

常绿灌木，粗壮；树皮黄绿色。茎多叉状分枝①，圆柱形。3枚小叶③，偶为单叶；小叶菱状椭圆形③，两面密被银白色茸毛，全缘，侧脉几不明显。总状花序顶生枝端①④，8～12朵密集；花冠黄色①④。荚果扁平②，线形。

产于内蒙古、宁夏和甘肃。生于沙丘、河滩边台地。

植株高，大于1.5 m；通常3枚小叶，叶脉不明显。

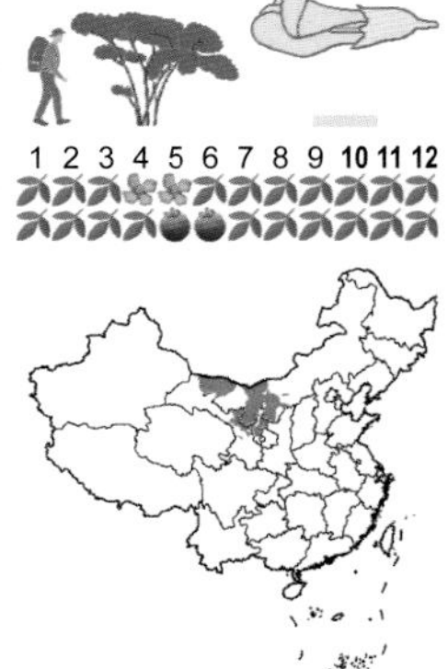

1
3
2
4
1
3
2
4

银砂槐 豆科 银砂槐属

Ammodendron bifolium

Argentate Ammodendron | yínshāhuái

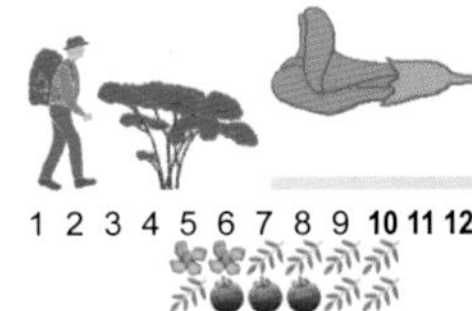

灌木，被银白色毛①；托叶针刺状；叶轴先端针刺状②，硬化，宿存；小叶1对②，先端锐尖，有小刺尖，两面被伏生绢毛；顶生或侧生总状花序卵形③；萼筒被白色毛，齿与筒近等长；花冠深紫色③；荚果扁平④，长圆状披针形；种子常1粒。

产于新疆霍城县。生于沙丘、沙地。

小叶1对，叶轴先端针刺状；荚果扁平，长圆状披针形。

红花岩黄芪 豆科 岩黄芪属

Hedysarum multijugum

Multijugate Sweetvetch | hónghuāyánhuángqí

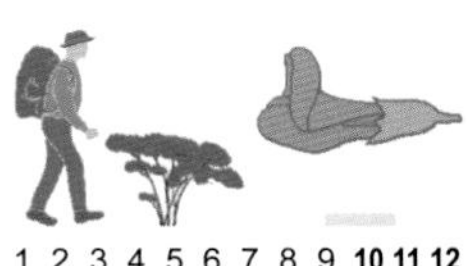

半灌木或仅基部木质化而呈草本状；茎直立②，多分枝；小叶通常15～29枚①，卵圆形；总状花序腋生，上部明显超出叶①②，花序长达28 cm；花冠紫红色③；荚果扁平，常有2～3个节。

产于四川、西藏、山西、内蒙古、河南、湖北及西北各省区。生于砾石质洪积扇、河滩和河谷，草原地区的砾石质山坡。

半灌木；小叶21枚以上，卵圆形。

1
3
2
4
1
2
3

粉绿铁线莲　　毛茛科 铁线莲属

Clematis glauca

Yellowbell Clematis | fěnlǜtiěxiànlián

1 2 3 4 5 6 7 8 9 10 11 12

藤本①；茎纤细，有棱；一至二回羽状复叶；小叶有柄，常2～3全裂或深裂③，中间裂片较大，椭圆形；常为单歧聚伞花序，具3朵花；萼片4枚，黄色②③，或外面基部带紫红色，长椭圆形，边缘有短茸毛，其余无毛；瘦果卵形④，长约2 mm，宿存花柱长4 cm④。

产于新疆、青海、甘肃南部、陕西和山西。生于山坡、路边灌丛中。

茎攀缘；聚伞花序；萼片内面无毛。

甘青铁线莲　　毛茛科 铁线莲属

Clematis tangutica

Tangut Clematis | gānqīngtiěxiànlián

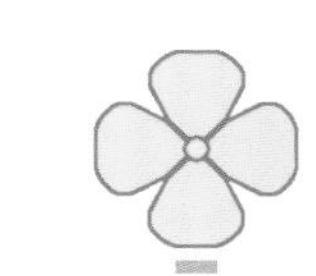

1 2 3 4 5 6 7 8 9 10 11 12

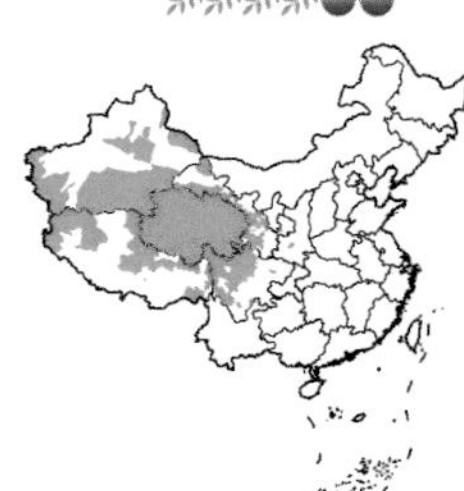

藤本①；茎有明显的棱；一回羽状复叶，有5～7枚小叶，小叶片基部常裂，中裂片较大；花单生①②；萼片4枚③，黄色外面带紫色；瘦果倒卵形，有长柔毛④，宿存花柱长达4 cm。

产于新疆、西藏、青海、内蒙古、陕西、甘肃和四川。生于高原草地或灌丛中。

茎攀缘；一回羽状复叶；花单生。

1
3
2
4
1
3
2
4

爪瓣山柑　老鼠瓜　棰果藤　山柑科　山柑属

Capparis himalayensis

Common Caper | zhuǎbànshāngān

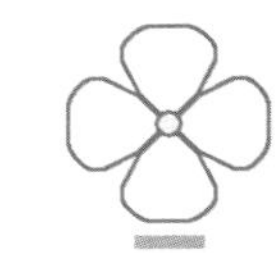

平卧灌木，根粗壮；枝条辐射状展开①；托叶2片②④，变成刺状，黄色；单叶互生②④，肉质，圆形或倒卵形；花大③，单生于叶腋；萼片4枚，排列成2轮；花瓣4枚，白色③或粉红色；雄蕊多数③，长于花瓣；蒴果浆果状④，椭圆形，果肉血红色。

产于新疆、甘肃西部和西藏。生于荒漠地带的戈壁、沙地、石质低山及山麓地带。极耐干旱。

茎匍匐；单叶；浆果；花白色或粉红色。

戟叶鹅绒藤　萝藦科　鹅绒藤属

Cynanchum sibiricum

Siberian Swallowwort | jǐyèéróngténg

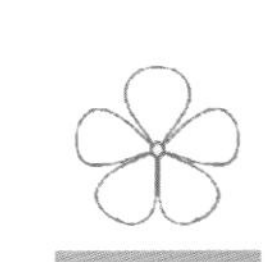

多年生缠绕藤本①；全株含白色乳汁；叶对生，纸质，戟形②，先端长渐尖，基部具2枚长圆形的耳；伞房状聚伞花序腋生；花冠外白内紫③，副花冠双轮，外轮筒状，其顶端有5条丝状舌片，内轮5裂较短；蓇葖果单生④，狭披针形；种子长圆形；种毛白色绢质。

产于内蒙古、甘肃和新疆。生于干旱、荒漠灰钙土洼地。

藤本；叶先端长渐尖，基部具2枚长圆形的耳；副花冠双轮。

1
3
2
4
1
3
2
4

田旋花　中国旋花 箭叶旋花　旋花科 旋花属

Convolvulus arvensis

European Glorybind | tiánxuánhuā

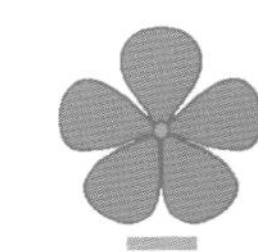

多年生草质藤本；茎平卧或缠绕①；叶卵状长圆形至披针形②，基部戟形，或箭形及心形；花序腋生；花红色或白色①③④；萼片有毛。

产于河北、河南、山东、山西、内蒙古、江苏、四川、西藏、东北及西北各省区。生于耕地及荒坡草地上。

缠绕草本；叶基部戟形、箭形或心形。

南方菟丝子　女萝 金线藤　旋花科 菟丝子属

Cuscuta australis

European Dodder | nánfāngtùsīzǐ

一年生寄生草制藤本。茎缠绕②，金黄色，纤细。无叶。花簇生成小团伞形花序③；花萼杯状，基部连合，通常不等大；花冠乳白色或淡黄色③，杯状；花柱2枚，几等长，柱头球形。蒴果扁球形①④，下半部为宿存花冠所包围。通常有4粒种子。

产于新疆准噶尔盆地。寄生于豆科、菊科等草本或小灌木上。

花柱2枚，柱头球形；蒴果下半部为宿存花冠所包围。

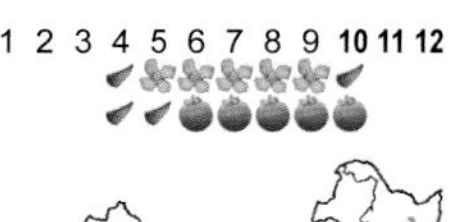

1
2
3
4
1
2
3
4

蓬子菜 松叶草 柳绒蒿 茜草科 拉拉藤属

Galium verum

Yellow Bedstraw | péngzǐcài

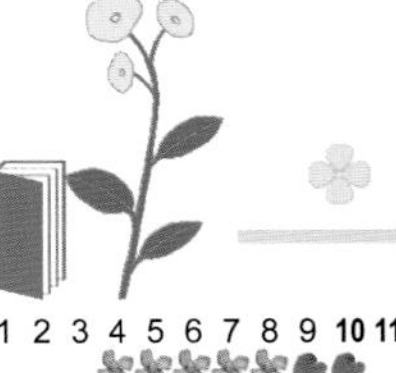

多年生草本。茎有四角棱，被短柔毛。叶6～10片轮生④，线形，边缘极反卷，常卷成管状，干时常变黑色，1条脉，无柄。聚伞花序顶生或腋生①②③；花冠黄色④，辐状。果小，双生，近球状。

产于河北、安徽、西藏、东北及西北各省区。生于山地、河滩、旷野、沟边、草地、灌丛或林下。

叶线形，1条脉，常卷成管状；聚伞花序；花冠辐状。

播娘蒿 野芥菜 十字花科 播娘蒿属

Descurainia sophia

Sophia Tansymustard | bōniánghāo

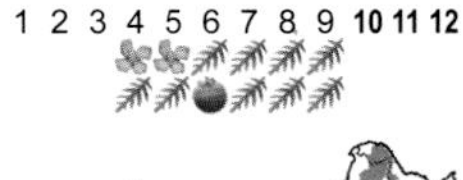

一年生草本；茎直立②，分枝多；叶为三回羽状深裂④，下部叶具柄，上部叶无柄；花序伞房状①；萼片直立，早落；花瓣黄色①②，长圆状倒卵形，具爪；雄蕊长于花瓣；长角果圆筒状①③，稍内曲，果瓣中脉明显；种子每室1行。

除华南外全国各地均产。生于山坡、田野及农田。

叶为三回羽状深裂；雄蕊长于花瓣；长角果。

1
2
3
4
1
2
3
4

多型大蒜芥 十字花科 大蒜芥属

Sisymbrium polymorphum

Variousforms Sisymbrium | duōxíngdàsuànjiè

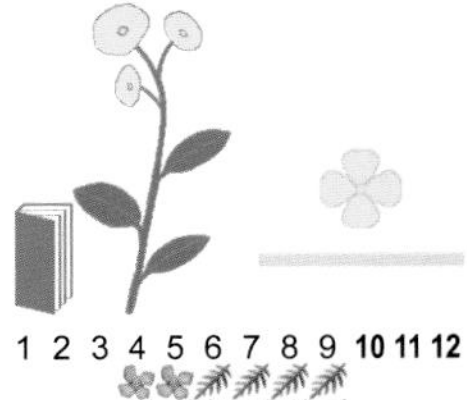

多年生草本；无毛或仅于基部有下倾的毛。茎直立①，分枝。基生叶有柄，叶片羽状深裂至全裂②；上部叶条形至线形①，全缘。花序伞房状①③，顶生，果期极为伸长；花瓣亮黄色④。长角果线形①③，果瓣微突起。种子每室1行。

产于黑龙江、内蒙古和新疆北疆。生于干旱山坡，海拔700～1600 m。

多年生草本；上部叶条形或仅有1对裂片。

抱茎独行菜 穿叶独行菜 十字花科 独行菜属

Lepidium perfoliatum

Clasping Pepperweed | bàojīngdúxíngcài

一年生草本。茎单一，近直立②，分枝。基生叶二回至三回羽状半裂④，有柔毛；茎中部和上部叶近圆形①③，基部深心形，抱茎，全缘。花瓣淡黄色①。短角果近圆形①③，顶端稍凹入，无翅。种子深棕色，湿后形成黏滑胶膜。

产于辽宁、江苏、甘肃和新疆。生于田边、路旁及干燥沙滩。

一年生草本；茎中部和上部叶近圆形，基部深心形，抱茎；花淡黄色。

1
2
3
4
1
2
3
4

厚翅荠 十字花科 厚翅荠属

Pachypterygium multicaule

Manystem Pachypterygium | hòuchì jì

一年生草本。茎多分枝②，无毛。基生叶和下部叶倒披针形，先端钝，基部变窄，具柄；中部和上部茎生叶披针形③，先端渐尖，基部箭形，抱茎。总状花序稀疏；花瓣黄色①④。短角果椭圆形①②④，周围有宽约0.5 mm的环状加厚的翅，果喙明显。

产于新疆准噶尔盆地。生于荒漠草原、砾质荒漠及半固定沙丘。

短角果中间凹陷，周围有鼓起的空心翅。

短柄棱果芥 十字花科 棱果芥属

Syrenia sessiliflora

Shortstalk Syrenia | duǎnbǐngléngguǒjiè

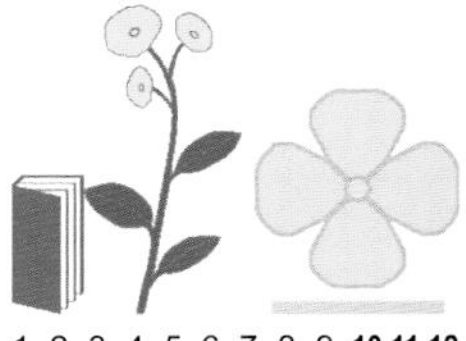

二年生草本；密被丁字毛，使植物呈灰绿色②。茎直立①，近基部分枝。基生叶早枯①，下部茎生叶较多，窄长圆形，向上渐小。总状花序花时伞房状①，果时伸长；花瓣鲜黄色①③。短角果卵状长圆形④，果瓣龙骨状，中脉明显。

产于新疆阿勒泰地区。生于荒漠带沙丘、河岸。

茎生叶窄长圆形，长1～5 cm。

1
2
3
4
1
2
3
4

棱果芥 茜兰芥 十字花科 棱果芥属

Syrenia siliculosa

Silicle Syrenia | léngguǒjiè

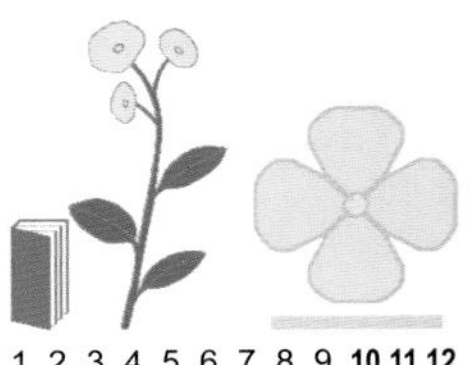

二年生草本，灰色或灰绿色④；基生叶窄线形，全缘；茎生叶丝状④，无柄；花瓣橘黄色①②④；长角果有4棱③，具细灰白色丁字毛，果瓣有龙骨状突起。

产于新疆准噶尔盆地。生于荒漠地带的沙丘、梭梭林中，海拔500～800 m。

茎生叶丝状，长5～15 cm。

西伯利亚离子芥 十字花科 离子芥属

Chorispora sibirica

Siberian Chorispora | xībólìyàlízǐjiè

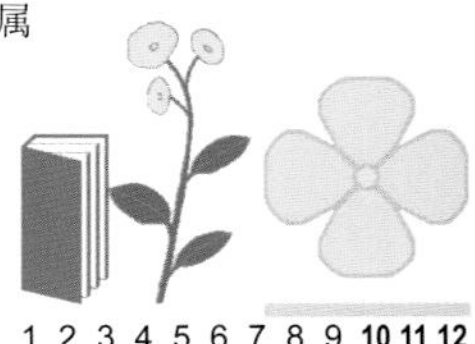

一年生草本；自基部多分枝①，植株被稀疏单毛腺毛。基生叶丛生①，叶边缘羽状深裂至全裂，基部具柄；茎生叶互生③，向上渐小。总状花序顶生①，花后延长；花瓣鲜黄色④。长角果圆柱形②，微向上弯曲，在种子间紧溢呈念珠状，顶端具喙。

产于新疆。生于路边、田边、河滩及山坡草地。

花鲜黄色，长8～10 mm，瓣片圆形至宽卵形，顶端微凹。

1
2
3
4
1
3
2
4

螺喙荠　尾果荠　十字花科 螺喙荠属

Spirorhynchus sabulosus

Common Spirorhynchus | luóhuìjì

一年生草本。茎直立①，自中、下部多分枝。叶片长圆状条形②，无柄。总状花序，果期伸长；花小，黄色，花梗丝状。短角果四棱状卵形②③，有明显的脉纹；喙镰状或螺状弯曲②③，扁压，有窄翅。

产于新疆古尔班通古特沙漠。生于沙丘间。

短角果喙长而扁，镰状或螺状弯曲，不脱落。

条叶庭荠　齿丝庭荠　十字花科 庭荠属

Alyssum linifolium

Flaxleaf Alyssum | tiáoyètíngjì

一年生草本；被贴伏星状毛。茎细①②，直立。叶条形②，全缘。花序伞房状③④，果期伸长；萼片有窄的白色边缘，外面被星状毛；花瓣黄色④，顶端2浅裂。短角果长圆形①③④，扁平或稍膨胀。种子每室2行，4粒，周围有窄边，黄色。

产于新疆。生于砾石戈壁、荒野。为早春短命植物。

短角果长圆形，扁平或稍膨胀；种子每室4粒。

1
2
3
1
2
3
4

庭荠 小庭荠 荒漠庭荠 十字花科 庭荠属

Alyssum desertorum

Desert Madwort | tíngjì

一年生草本；被贴伏星状毛，呈灰绿色。茎直立或外倾①②。叶条状长圆形②。花序伞房状，果期伸长；萼片近相等，外面有星状毛或分枝毛；花瓣淡黄色③。短角果近圆形①④，压扁，无毛，花柱宿存。种子每室2粒，有窄边。

产于新疆准噶尔盆地。生于荒漠、石滩、路旁。为早春短命植物。

短角果近圆形，无毛；种子每室2粒。

新疆庭荠 十字花科 庭荠属

Alyssum minus

Sinkiang Madwort | xīnjiāngtíngjì

一年生草本；被贴伏毛。茎直立①③，中、上部分枝。基生叶长圆状条形，早落。花序伞房状②，果期伸长；萼片长圆状卵形，外面有星状毛；花瓣黄色②，成“吉他”形。短角果圆形④，被星状毛，压扁，有边。种子每室2粒，悬垂于室顶，有宽边。

产于新疆塔城、托里、霍城、新源。生于干山坡、草原、草地，海拔1000～1500 m。

短角果圆形，被星状毛；种子每室2粒。

1
2
3
4
1
3
2
4

小果亚麻荠　十字花科 亚麻荠属

Camelina microcarpa

Smallfruit Camelina | xiǎoguǒyàmájì

一年生草本；具长单毛与短分枝毛。茎直立①②，多在中部以上分枝，下部密被长硬毛。基生叶与下部茎生叶长圆状卵形；中、上部茎生叶披针形。花序结果时可伸长20～30 cm①②；花瓣淡黄色①②。短角果倒梨形①②，果瓣中脉基部明显。

产于黑龙江、内蒙古、山东、河南和新疆。生于林缘、山地、平原及农田。

短角果膨胀，倒梨形。

舟果荠　十字花科 舟果荠属

Tauscheria lasiocarpa

Hairyfruit Tauscheria | zhōuguǒjì

一年生草本②。茎光滑，蓝紫色。基生叶条状倒卵形，常早落；茎生叶无柄，叶片卵状长圆形，基部具耳。花序伞房状，顶生或腋生，果期伸长；花瓣黄色。果瓣上具窄翅①③④，翅向上折转，使果实上凹下凸，连同顶端三角形，成一舟状。

产于新疆和西藏西部。多生于荒漠草原。

短角果舟状。

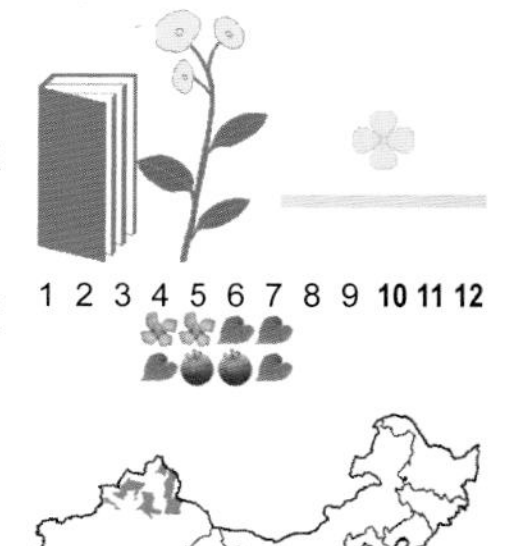

1
2
1
2
3
4

新疆海罂粟 鳞果海罂粟 罂粟科 海罂粟属

Glaucium squamigerum

Sinkiang Hornpoppy | xīnjiānghǎiyīngsù

二年生或多年生草本。茎直立①，不分枝，疏生白色皮刺。基生叶多数①，大头羽状深裂；茎生叶羽状分裂③。花单个顶生④；花梗圆柱形，被皮刺或光滑；花瓣近圆形或宽卵形，金黄色④。蒴果线状圆柱形②，具稀疏的刺状鳞片。

产于新疆各地。生于海拔860～2600 m的山坡砾石缝、路边碎石堆、荒漠或河滩。

叶深裂；果瓣被白色鳞片；蒴果有隔膜。

角茴香 咽喉草 麦黄草 罂粟科 角茴香属

Hypecoum erectum

Erect Hypecoum | jiǎohuíxiāng

一年生草本。花茎多①，圆柱形，二歧状分枝。基生叶多数①，多回羽状细裂；茎生叶同基生叶，较小。二歧聚伞花序多花①③；花瓣淡黄色②。蒴果长圆柱形①③④，直立，两侧稍压扁，成熟时分裂成2枚果瓣。种子多数，近四棱形。

产于东北、华北和西北等省区。生于山坡草地或河边沙地。

蒴果直立。

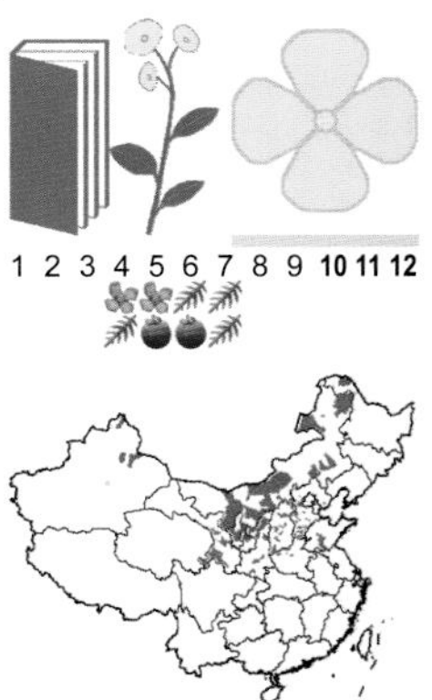

1
3
2
4
1
2
3
4

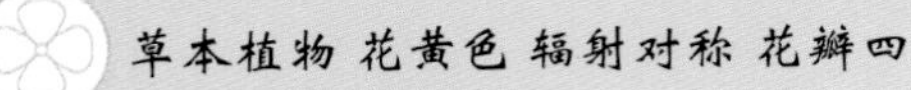

伊犁秃疮花　罂粟科 秃疮花属

Dicranostigma iliensis

Yili Dicranostigma | yīlítūchuānghuā

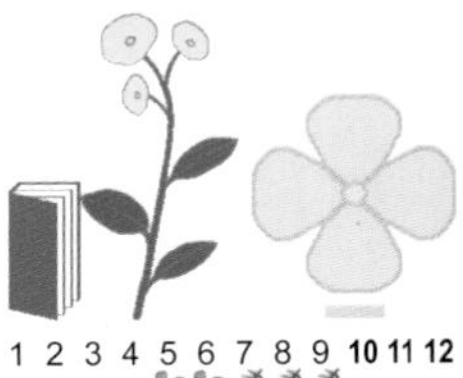

二年生或多年生草本；植株具黄红色乳汁。基生叶莲座状②，有叶柄，浅裂或深裂；茎生叶卵圆形，向上渐小①，无柄抱茎，浅裂或具大锯齿。花大，单生于茎顶①，具长梗；花瓣橙黄色①③；柱头2裂。蒴果长角果状④，无隔膜。种子具网纹。

主产新疆乌鲁木齐和伊犁地区。生于荒漠带及草原带的山坡、平地与河谷，海拔800～1400 m。

植株具黄红色乳汁；叶多基生；蒴果无隔膜。

野罂粟　野大烟 山米壳　罂粟科 罂粟属

Papaver nudicaule

Nudicaulous Poppy | yěyīngsù

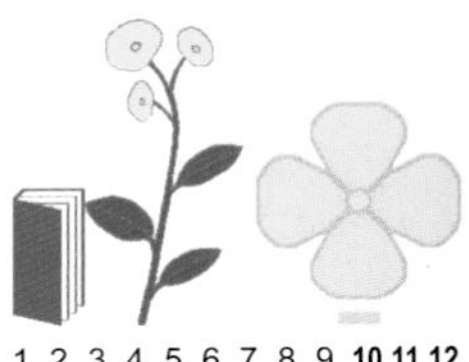

多年生草本。叶全部基生①，一回羽状裂。花莛被斜展的刚毛①；花单生①②③；花蕾近球形④，密被褐色刚毛，通常下垂；萼片舟状椭圆形，早落；花瓣黄色或橙黄色①②③，稀红色。蒴果倒卵形。

产于河北、山西、内蒙古、黑龙江、陕西、宁夏、新疆等地。生于林下、林缘、山坡草地。

多年生草本；叶一回羽状裂，裂片全缘或具齿；花黄色或橙黄色。

1
3
2
4
1
2
3
4

中败酱 败酱科 败酱属

Patrinia intermedia

Intermediate Patrinia | zhōngbàijiàng

多年生草本。基生叶丛生②；茎生叶对生①，一至二回羽状全裂。由聚伞花序组成顶生圆锥花序②，常具5～6级分枝；花冠黄色③，钟形。瘦果长圆形④；果苞卵形，网脉具3条主脉。

产于新疆阿尔泰山及天山。生于山麓林缘、山坡草地，荒漠化草原或灌丛中。

叶一至二回羽状全裂；花冠黄色。

簇枝补血草 白花丹科 补血草属

Limonium chrysocomum

Yellowcrown Sealavender | cùzhībǔxuècǎo

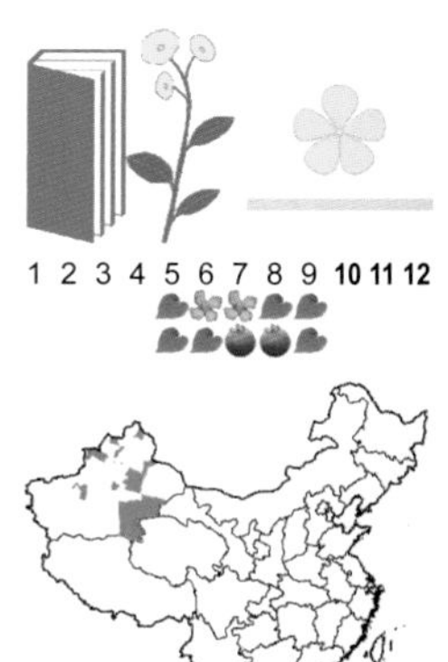

多年生草本至草本状半灌木；茎基肥大①②，有短木质分枝。叶由每芽发出数枚③，线状披针形。花序顶生头状①②④；穗状花序由5～7个小穗组成，单个或2～3个集于花序轴顶端呈头状团簇；萼漏斗状④，脉与脉间被毛，萼檐鲜黄色；花冠橙黄色④。

产于新疆塔尔巴哈台山及天山中部。生于荒漠草原和石质山坡。

花序呈单个或2～3个顶生的头状团簇；花萼与花冠均为黄色。

1
2
3
4
1
3
2
4

黄花补血草 黄花苍蝇架 黄里子白 白花丹科 补血草属

Limonium aureum

Golden Sealavender | huánghuābǔxuècǎo

多年生草本；全株(除萼外)无毛。叶基生，常早凋。花序圆锥状①②③；花序轴2至多数，绿色，呈“之”字形曲折，下部的多成为不育枝；萼长漏斗状④，全部沿脉和脉间密被长毛，萼檐金黄色；花冠橙黄色④。

产于四川及东北、华北和西北各省区。生于含盐的砾石滩、黄土坡和沙土地上。

花序圆锥状；花萼与花冠均为黄色。

蒺藜 白蒺藜 蒺藜科 蒺藜属

Tribulus terrester

Puncturevine Caltrap | jíli

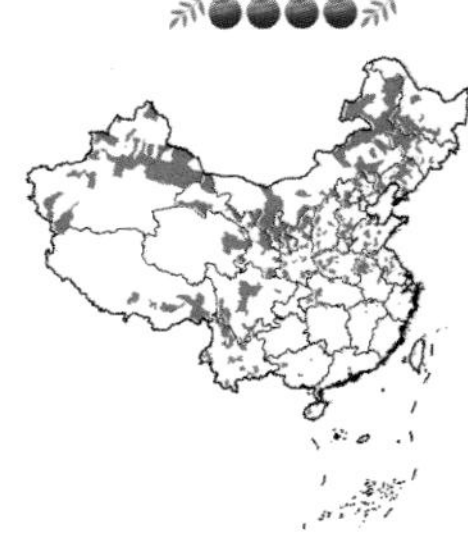

一年生草本；茎平卧①，被长柔毛或长硬毛；小叶对生①③，3～8对，矩圆形，被柔毛，全缘；花单生叶腋①，花梗短于叶；花瓣5枚，黄色①②；果由5个分果瓣组成③④，有长短刺各1对，背面有短硬毛及瘤状突起。

广布全国各地。生于沙地、荒地、山坡、居民点附近。

匍匐草本；分果，具尖刺。

1
3
2
4
1
3
2
4

角果毛茛　　毛茛科 角果毛茛属

Ceratocephala esticulatus

Common Ceratocephalus ｜ jiǎoguǒmáogèn

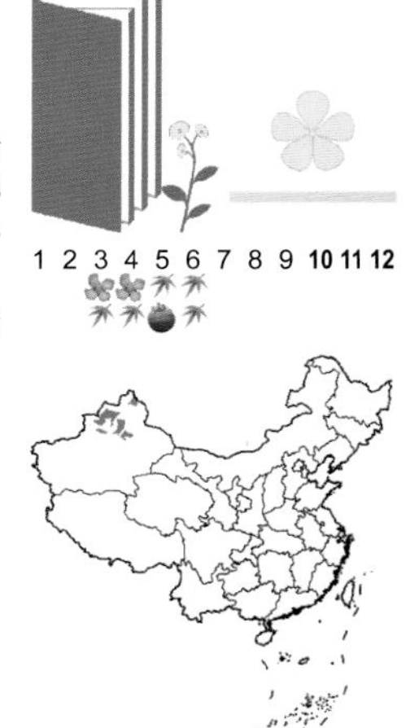

一年生矮小草本；全体有绢状短柔毛。叶10余枚，最外圈的叶较小，不分裂，其余的叶较大，3全裂。花莛2～11条③，顶生1朵花；萼片绿色，外面有密白柔毛，果期增大；花瓣黄色或黄白色③。聚合果长圆形①②④，瘦果多数，扁卵形，喙顶端成黄色硬刺。

产于新疆准噶尔盆地。生于荒漠和荒漠草原。为早春短命植物。

花瓣黄色；瘦果有长喙。

二裂委陵菜　　蔷薇科 委陵菜属

Potentilla bifurca

Bifurcate Cinquefoil ｜ èrlièwěilíngcài

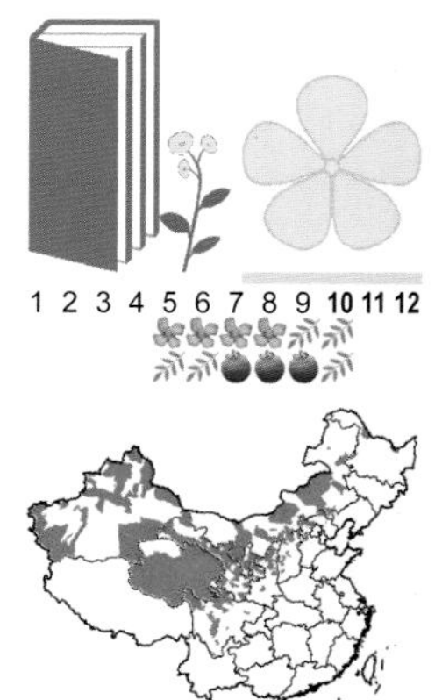

多年生草本。茎直立或铺散①④。小叶无柄，对生稀互生，椭圆形或倒卵椭圆形，顶端常2裂③，两面伏生疏柔毛。聚伞花序①，顶生，疏散；副萼片比萼片短或近等长；花瓣黄色①②，倒卵形，顶端圆钝，比萼片稍长。瘦果多数④，着生于干燥的花托上。

产于我国华北、西北各省区及四川、西藏等地。生于地边、道旁、沙滩、山坡草地、黄土坡上及荒漠草原，海拔800～3600 m。

小叶顶端常2裂。

1
3
2
4
1
2
3
4

蕨麻 鹅绒委陵菜 蔷薇科 委陵菜属

Potentilla anserina

Silverweed Cinquefoil | juémá

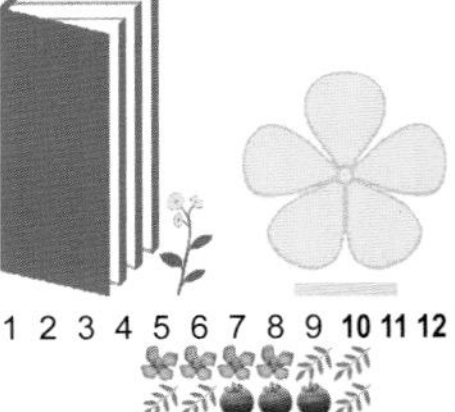

多年生草本，在根下部有时有块根；茎匍匐①②，在节处生根，常长出新植株；基生叶为间断羽状复叶；小叶边缘有缺刻状锯齿①②，上面绿色，下面密被银白色绢毛；花单生叶腋；花瓣黄色①②③，顶端圆形，比萼片长1倍；瘦果多数④，着生于花托上。

产于我国东北、西北各省区及内蒙古、河北、山西、四川、云南、西藏。生于河岸、路边、山坡草地及草甸，海拔500～4100 m。

茎匍匐，在节处生根；间断羽状复叶；花单生叶腋。

天仙子 莨菪 牙痛子 茄科 天仙子属

Hyoscyamus niger

Black Henbane | tiānxiānzǐ

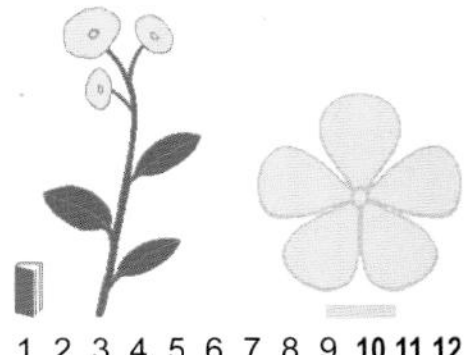

二年生草本，全株被黏质腺毛和柔毛。一年生的茎极短，自根茎发出莲座状叶丛；第二年春茎伸长而分枝①②。花在茎上端聚集成蝎尾式总状花序①，偏向一侧；花萼筒状钟形，花后增大成坛状③；花黄色而脉纹紫堇色④。蒴果卵球状，藏于宿萼内③。

产于我国华北、西北及西南，华东有栽培或逸为野生。常生山坡、路旁、住宅区及河岸沙地。

花萼果期膨大呈坛状；花冠黄色带紫色脉纹。

1
3
2
4
1
2
3
4

中亚天仙子 矮天仙子 茄科 天仙子属

Hyoscyamus pusillus

Tiny Henbane | zhōngyàtiānxiānzǐ

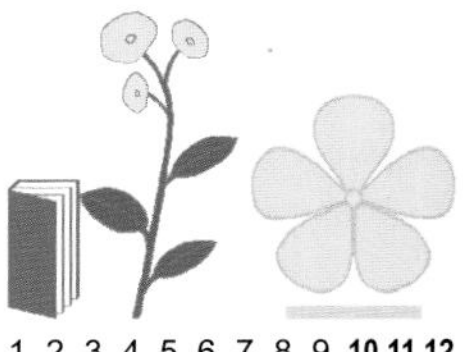

一年生草本，根细瘦；茎直立或自基部斜升①②，植株被短腺毛和长柔毛；叶披针形①、菱状披针形、矩圆状披针形或条状披针形；花萼倒锥状，生密毛，果期膨大成筒状漏斗形④；花冠漏斗形③，黄色，喉部暗紫色；蒴果圆柱状④；种子扁肾形。

产于新疆天山北坡及吐鄯托盆地，西藏西部亦产。生于砾质干燥丘陵，固定沙丘边缘，荒漠草原的黏土上以及河湖沿岸。

花萼果期膨大成筒状漏斗形；花冠漏斗形，黄色，喉部暗紫色。

黄花刺茄 刺萼龙葵 茄科 茄属

Solanum rostratum

Buffalo Bur Nightshade | huánghuācìqié

一年生草本；叶互生，密被刺及星状毛；叶片卵形或椭圆形②；蝎尾状聚伞花序，花期花轴伸长变成总状花序①③；萼片线状披针形，密被星状毛；花冠黄色①③；浆果球形，完全被增大的带刺及星状毛硬萼包被④；种子黑色，具网状凹。

外来种，原产北美洲。生于干燥草原及荒地。

萼片密被星状毛；浆果球形，完全被增大的带刺及星状毛硬萼包被。

1
2
3
4
1
3
2
4

多伞阿魏 伞形科 阿魏属

Ferula feruloides

False Ferula | duōsǎn'āwèi

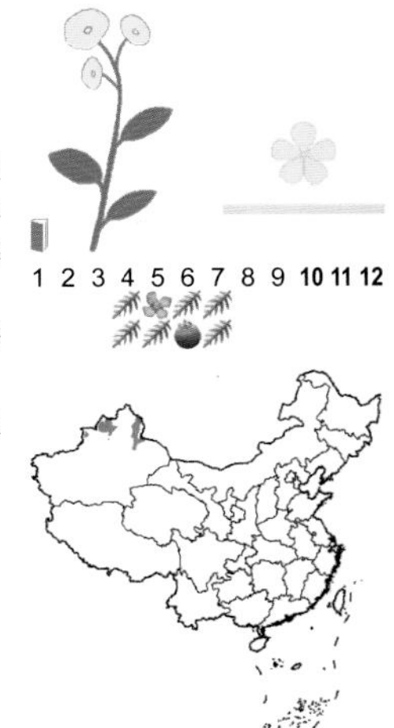

多年生草本；根纺锤形，粗大(①上)。春末至夏初根茎上常寄生野生阿魏菇（①下)。茎通常单一③，粗壮；创伤后渗出树脂④；枝多为轮生。基生叶有柄②，叶片三出式四回羽状全裂，早枯萎；茎生叶向上简化。复伞形花序生于茎枝顶端；花瓣黄色③。果实椭圆形，扁平。

产于新疆准噶尔盆地边缘。生于沙丘、沙地及覆沙的砾石戈壁中。

茎粗壮，高1～1.5 m；复伞形花序。

北芸香 北芸香草 芸香科 拟芸香属

Haplophyllum dauricum

Dahurian Haplophyllum | běiyúnxiāng

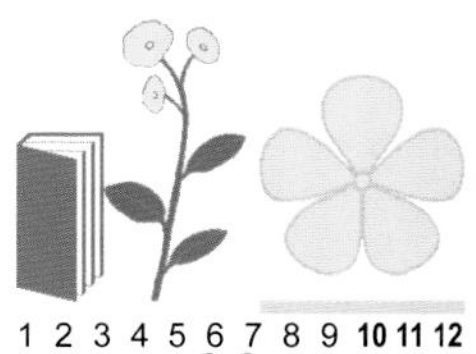

多年生草本。茎的地上部分的茎枝甚多②，密集成束状或松散，小枝细长。叶狭披针形①，油点甚多，几无叶柄。伞房状聚伞花序顶生②③；花瓣黄色③，散生半透明的油点。成熟果自顶部开裂①，每分果瓣有2粒种子。

产于黑龙江、内蒙古、河北、新疆、宁夏、甘肃等省区，西南至陕西西北部。生于低海拔山坡、草地或岩石旁。

单叶；伞房状聚伞花序。

1
2
3
4
1
2
3

黄花滇紫草　紫草科 滇紫草属

Onosma gmelinii

Yellowflower Onosma | huánghuādiānzǐcǎo

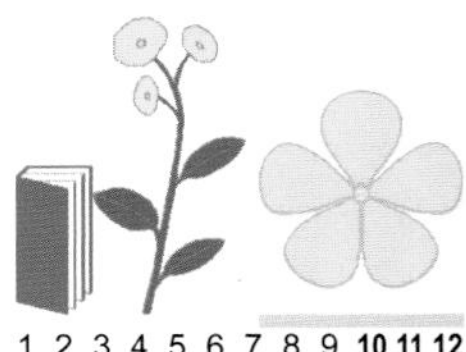

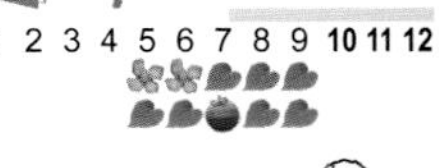

半灌木状草本；植株灰白色，被开展的硬毛及向下贴伏的伏毛。茎直立①②③，不分枝。基生叶具长柄①②，倒披针形；茎生叶披针形①③，无柄。花序单生茎顶①③，密集；花萼线状披针形，裂至近基部；花冠黄色，筒状钟形，向上逐渐扩张。小坚果具皱纹④。

产于新疆阿勒泰地区。生于干旱多石山坡。

叶灰白色；花冠裂片无细尖；花药基部结合呈筒状。

硬萼软紫草　紫草科 软紫草属

Arnebia decumbens

Hardcalyx Arnebia | yìng'èruǎnzǐcǎo

一年生草本，根含少量紫色物质。茎直立①，自基部分枝，有伸展的长硬毛。茎生叶无柄③，线状披针形，两面生硬毛。花萼裂片线形②③，有长硬毛和短伏毛，果期增大，基部扩展并硬化①②，包围小坚果；花冠黄色②③，筒状钟形。小坚果密生疣状突起。

产于新疆北疆。生于低山带山坡、沙地、荒地。

一年生草本；花冠黄色；花萼果期增大，基部硬化。

1
2
3
4
1
2
3

伊犁郁金香　　百合科 郁金香属

Tulipa iliensis

Ili Tulip | yīlíyùjīnxiāng

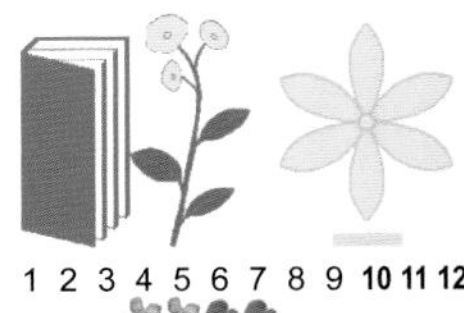

多年生草本。鳞茎皮黑褐色，薄革质③。茎上部通常有柔毛。叶3～4枚①②，条形。花常单朵顶生；外花被片背面有绿紫红色或黄绿色①，内花被片黄色①②；当花凋谢时，颜色变深；6枚雄蕊等长②，花丝无毛。蒴果卵圆形(④右)；种子扁平(④左)，近三角形。

产于新疆天山北坡。生于山前平原和低山坡地。为早春多年生类短命植物。

茎上部有柔毛；花黄色，背面有绿紫红色。

异瓣郁金香　　百合科 郁金香属

Tulipa heteropetala

Heteropetalous Tulip | yìbànyùjīnxiāng

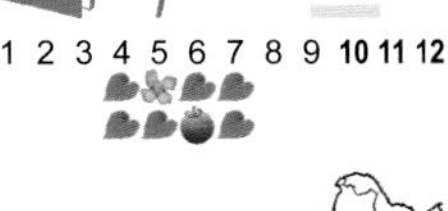

多年生草本；鳞茎皮纸质，内面上部有伏生毛；叶常2枚①②，少数3枚，条形；花单朵顶生②；花被片披针形，黄色②③，外花被片背面绿紫色，内花被片背面有紫绿色纵条纹；雄蕊3长3短；花丝无毛；蒴果椭圆形①④。

产于内蒙古及新疆阿尔泰山和北塔山。生于海拔1200～2400 m的灌丛下。为早春多年生类短命植物。

叶常2枚；雄蕊3长3短；花丝无毛。

1
3
2
4
1
2
3
4

喜盐鸢尾

鸢尾科 鸢尾属

Iris halophila

Salt-loving Iris | xǐyányuānwěi

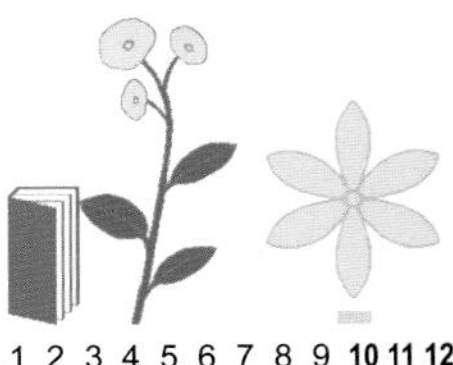

多年生草本。根状茎紫褐色，有环形纹；须根黄棕色。叶剑形①，灰绿色。花茎粗壮①，比叶短；花黄色①②③；外花被裂片提琴形。蒴果椭圆状柱形④，紫褐色，具6条翅状的棱，顶端有长喙，成熟时开裂。种子近梨形，黄棕色。

产于甘肃和新疆。生于草甸草原、山坡荒地及潮湿的盐碱地上。

叶不弯曲；花黄色；外花被裂片提琴形。

小侧金盏花

毛茛科 侧金盏花属

Adonis parviflora

Smallflower Adonis | xiǎocèjīnzhǎnhuā

一年生草本。茎在中部或上部较密集①，有叶柄，叶二至三回羽状细裂②，末回裂片线形。花单生于茎顶或分枝顶端①，花梗在开花时超过茎顶部叶；花橙黄色或橘红色③，下部带黑紫色。瘦果卵球形④，脉网隆起。

产于新疆西部和西藏吉隆。生于低山荒漠草原。为早春短命植物。

一年生草本；花梗在开花时超过茎顶部叶。

1
2
3
4
1
2
3
4

长叶碱毛茛 黄戴戴 毛茛科 碱毛茛属

Halerpestes ruthenica

Longleaf Halerpestes | chángyèjiǎnmáogèn

多年生草本。须根簇生，匍匐茎横走①，节处生根或簇生数叶。叶多数基生①，有齿或3裂③。花莛单一或上部分枝①，花单朵顶生；花瓣黄色②；花托密生白毛。聚合果球形④；瘦果多数，两侧扁或稍膨起，有纵肋。

产于东北、西北各省区及内蒙古、山西、河北。生于低湿地草甸及轻度盐化草甸。

叶长圆形，顶端有3～5个圆齿。

密叶百脉根 新疆百脉根 豆科 百脉根属

Lotus frondosus

Denseleaf Bird's foot Trefoil | mìyèbǎimàigēn

多年生草本；茎基部多分枝①②，中空；羽状复叶，顶端3小叶倒卵形，先端钝圆，下端2枚小叶斜卵形，锐尖头；伞形花序④；苞片3枚或为5枚小叶片④，生于花梗基部；花冠橙黄色④，具红色斑纹；荚果圆柱形③。

产于新疆。生于湿润的盐碱草滩和沼泽边缘。

叶先端钝圆，宽4 mm以下；苞片与花萼等长；花干后变红色。

1
2
3
4
1
3
2
4

弯果胡卢巴 豆科 胡卢巴属

Trigonella arcuata

Arcuate Trigonella | wānguǒhúlúbā

一年生草本；茎外倾或铺散②；羽状三出复叶；小叶倒三角形或倒卵形①③，先端截平，基部阔楔形；托叶披针形，基部略呈戟形；伞形花序腋生；花冠黄色；荚果线状①③，弧形弯曲，脉纹横向构成波状网眼，先端具细尖喙。

产于新疆。生于河岸、山坡，适于碱性沙土。为早春短命植物。

花序无梗或具短梗；荚果镰状弯曲。

网脉胡卢巴 长梗胡卢巴 纤细胡卢巴 豆科 胡卢巴属

Trigonella cancellata

Cancellata Trigonella | wǎngmàihúlúbā

一年生植物；茎多分枝②④；托叶线状披针形，基部具齿；小叶先端钝或截平①，顶生小叶有较长小叶柄；花序头状①，伞形，具花4～7朵；总花梗腋生①，纤细；花冠黄色①；荚果4～5个呈伞形着生于总梗顶端①③④，先端具钩状尖喙。

产于新疆。生于山坡沙壤及河滩沙砾地，喜碱性土壤。为早春短命植物。

花序具长梗，长1～6 cm。

长毛荚黄芪　豆科 黄芪属

Astragalus monophyllus

Long-hairy-pod Milkvetch | chángmáojiáhuángqí

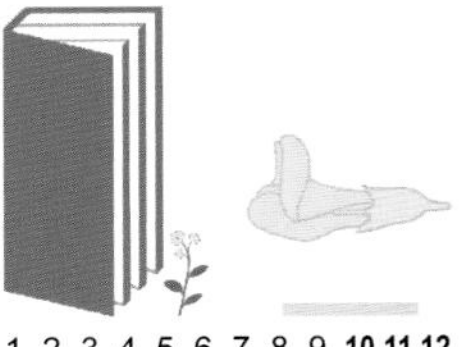

多年生草本；植株被白色伏生丁字毛，呈灰白色；茎极短缩①②③；小叶1～3(5)片，宽卵形或近圆形①，密集覆盖地表；总状花序具1～2朵花；花冠淡黄色（干时）；荚果矩圆形②③④，膨胀，两端尖，密被白色长柔毛。

产于内蒙古、甘肃、新疆和山西。生于半荒漠和荒漠地带砾石山坡、戈壁。

茎极短缩；小叶1～3(5)片；总状花序。

拟狐尾黄芪　豆科 黄芪属

Astragalus vulpinus

False Foxtail Milkvetch | nǐhúwěihuángqí

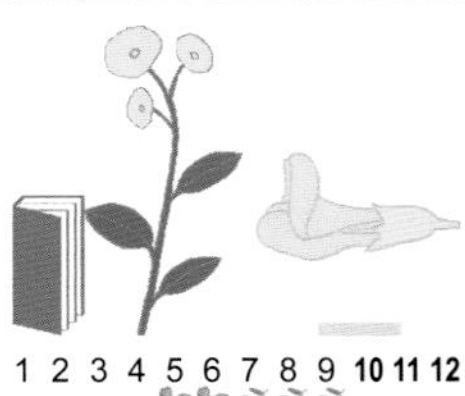

多年生草本。根圆锥形，少分枝。茎直立②，单生，疏被开展白色柔毛。羽状复叶有25～31片小叶③；小叶近对生。总状花序生多数花①②，密集呈头状或卵状；花萼钟状，密被淡褐色长柔毛；花冠黄色①②④。荚果卵形，密被白色长柔毛。

产于新疆阿勒泰地区。生于低山冲沟旁、山前洪积扇、沙地，海拔450～1300 m。

小叶有25～31片；总状花序密集呈头状或卵状；花萼钟状。

茧荚黄芪　豆科 黄芪属

Astragalus lehmannianus

Lehmann Milkvetch | jiǎnjiáhuángqí

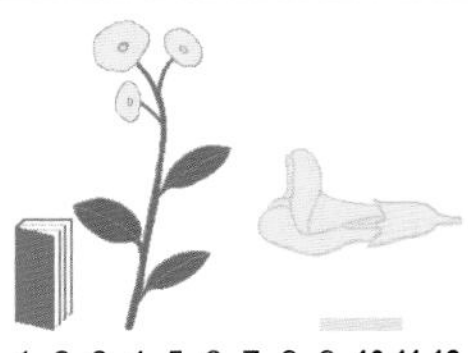

多年生草本；茎中空，直立②；羽状复叶有15～23片小叶②；托叶三角状；总状花序生多数花(①上)，紧密呈圆形；萼筒在花期管状，花后膨大呈膀胱状①②③④，密被长柔毛；花冠黄色（①上)；荚果长圆状圆形，膨胀，膜质，淡黄色，被白色长柔毛。

产于新疆准噶尔盆地。生于固定沙地、流动沙丘。

小叶15～23片；萼筒在花期管状，花后膨大呈膀胱状；荚果被白色长柔毛。

披针叶野决明　豆科 野决明属

Thermopsis lanceolata

Lanceleaf Thermopsis | pīzhēnyèyějuémíng

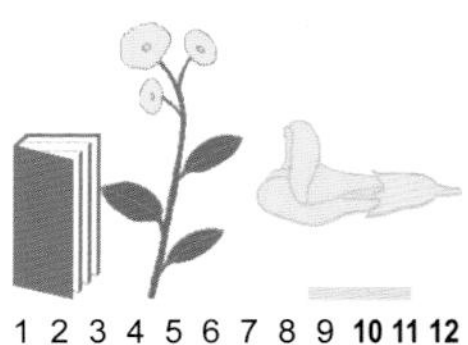

多年生草本；茎直立①②，分枝或单一；3枚小叶①，叶柄短，小叶倒披针形；总状花序顶生①；萼钟形①，密被毛，背部稍呈囊状隆起；花冠黄色①③；荚果线形④，先端具尖喙，被细柔毛。

产于内蒙古、河北、山西、陕西、宁夏、甘肃和新疆。生于草原沙丘、河岸和砾滩。

小叶倒披针形，常沿边缘内卷；花黄色；荚果线形，在种子处稍隆起。

沙穗　　唇形科 沙穗属

Eremostachys moluccelloides

Common Eremostachys ｜ shāsuì

多年生草本。具块根，根颈处有长柔毛。茎粗壮②③，被长柔毛。基出叶椭圆形②③，边缘具锐锯齿；茎生叶较小②。轮伞花序4(6)朵花；花萼漏斗状①④，果时伸长，萼檐在果时极为扩大，辐射状；花冠筒细长，橙黄色①④。小坚果黑色，顶端被毛。

产于新疆准噶尔盆地。生于沙砾质戈壁干旱地。

花萼漏斗状，萼檐在果时极为扩大；花橙黄色。

准噶尔毛蕊花　　玄参科 毛蕊花属

Verbascum songoricum

Dzungarian Mullein ｜ zhǔngá'ěrmáoruǐhuā

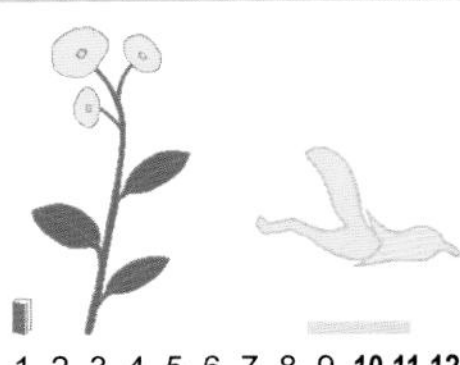

多年生草本，全株被密而厚的灰白色星状毛①；基生叶矩圆形至倒披针形，茎生叶较多③，矩圆形，下部叶的基部宽楔形，上部叶的基部近心形；圆锥花序④，花2～7朵簇生；花冠黄色②；蒴果圆卵形，密生星状毛。

产于新疆准噶尔盆地北部绿洲。生于芨芨草滩、路旁、田边或湿处，海拔600～1000 m。

全株被密而厚的灰白色星状毛；圆锥花序，花2～7朵簇生。

1
2
3
4
1
2
3
4

肉苁蓉 苁蓉 大芸 列当科 肉苁蓉属

Cistanche deserticola

Desertliving Cistanche | ròucōngróng

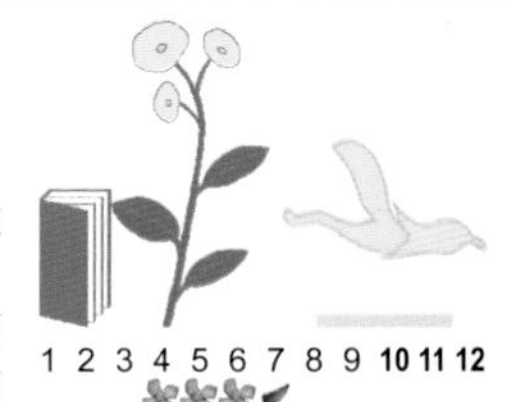

多年生寄生草本；大部分地下生。茎不分枝①②③或自基部分2～4枝，下部直径可达5～15 cm，向上渐变细。叶宽卵形。花序穗状①②③；花冠筒状钟形，顶端5裂，淡紫色④或淡黄白色，干后常变棕褐色。花药长卵形④，基部有小尖头。蒴果卵球形。

产于内蒙古、宁夏、甘肃和新疆。生于梭梭荒漠的沙丘；主要寄主有梭梭及白梭梭。

花药长卵形，基部有小尖头；花萼长度约为花的1/2。

直茎黄堇 劲直黄堇 罂粟科 紫堇属

Corydalis stricta

Erect Corydalis | zhíjīnghuángjǐn

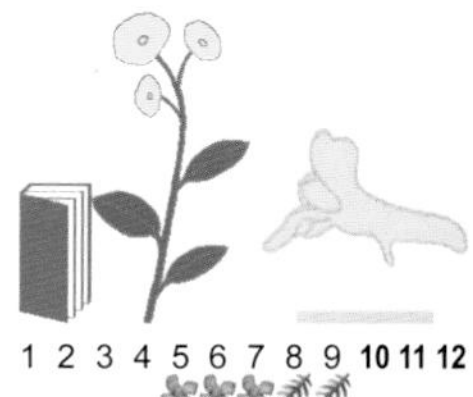

多年生草本。茎劲直①，具白粉，疏具叶。基生叶具长柄，叶片二回羽状全裂②；茎生叶与基生叶同形，具短柄至无柄。总状花序密具多花①；苞片狭披针形，长于花梗；花梗果期不伸长；花黄色③，背部带浅棕色。蒴果长圆形④。

产于新疆、青海、甘肃、四川和西藏。生于高山多石地。

二回羽状复叶；苞片狭披针形，长于花梗。

1
2
3
4
1
3
2
4

长距柳穿鱼 玄参科 柳穿鱼属

Linaria longicalcarata

Longspur Toadflax | chángjùliǔchuānyú

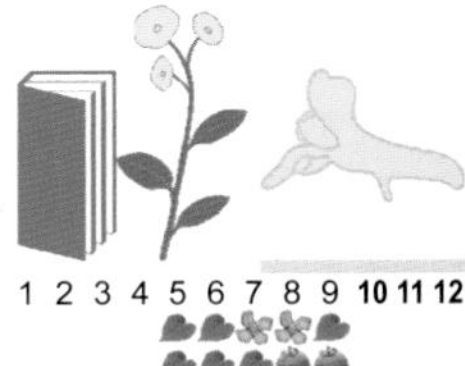

多年生草本，全株无毛。茎中部以上多分枝。叶互生①。花序花稀疏①②，有花数朵；苞片披针形；花萼裂片长，矩圆形或卵形；花冠鲜黄色②，喉部隆起处橙色，长(除距)11～14 mm，上唇略超出下唇，裂片顶端钝；距直。蒴果直径5 mm，长6～8 mm。

产于新疆阿尔泰山、塔尔巴哈台山。生于山地草原、河谷草地，海拔1000～1500 m。

花冠鲜黄色；花萼裂片矩圆形或卵形；种子光滑。

粉苞菊 粉苞苣 菊科 粉苞菊属

Chondrilla piptocoma

Common Skeletonweed | fěnbāojú

多年生草本。茎下部淡红色，被蛛丝状柔毛，上部与分枝被柔毛或无毛。下部茎叶长椭圆状倒卵形，倒向羽裂，早枯；中部与上部茎叶狭线形，全缘。头状花序单生枝端①；舌状小花9～12枚，黄色①②③。瘦果狭圆柱状②④，喙长1 mm左右④，有关节。

产于新疆。生于河漫滩砾石地带。

瘦果无鳞片，果喙有关节，关节位于喙的基部。

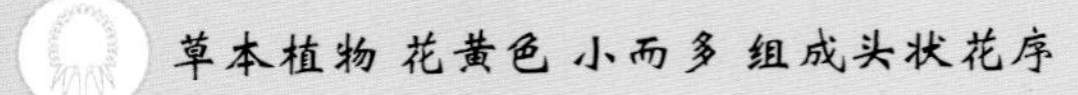

河西菊 鹿角草 枴枴棍 菊科 河西菊属

Hexinia polydichotoma

Thinleaf Glossogyne | héxījú

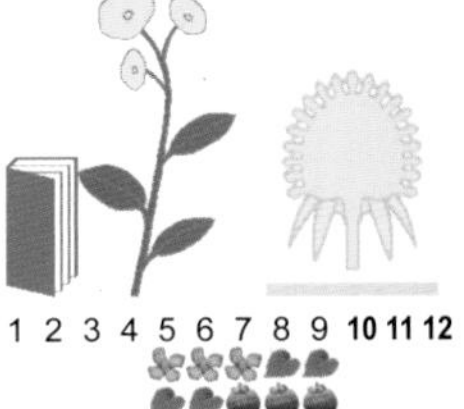

多年生草本；茎自下部起多级等2叉分枝，形成球状丛①②；基生叶与下部茎生叶无柄，先端钝，全缘或有波状齿；中部和上部叶退化成三角形鳞片状；头状花序极多①，排列成伞房状；小花5～7朵，黄色③；瘦果近三棱状圆柱形；冠毛白色②④。

产于甘肃河西走廊，新疆哈密、吐鲁番至塔里木盆地。生于平坦的沙地、沙丘间低地和戈壁冲沟。

茎自下部起多级等2叉分枝，分枝似鹿角。

细裂黄鹌菜 异叶黄鹌菜 菊科 黄鹌菜属

Youngia diversifolia

Diversifolious Youngia | xìlièhuáng'āncài

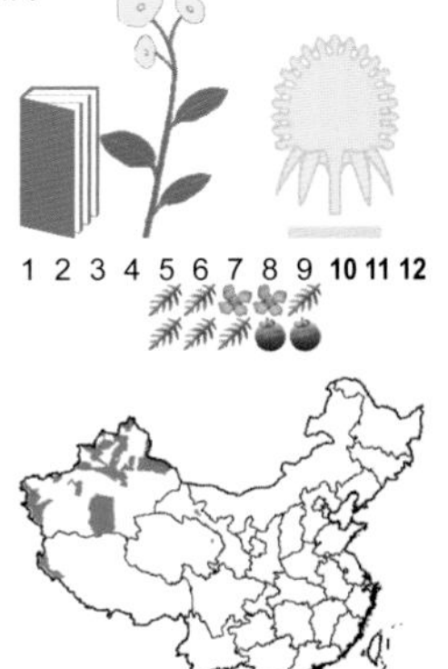

多年生草本。茎单生或数个丛生①②，直立。基生叶多数①②，蓝绿色，与茎生叶均羽状全裂，中上部茎生叶无柄①，条形或丝形。头状花序单生于枝端①②，排列成伞房状；舌状花鲜黄色③。瘦果长纺锤形；冠毛白色①②，不易脱落。

产于甘肃、青海、新疆和西藏。生于山坡或岩坡、河滩砾石坡，海拔1800～4650 m。

茎少数；基生叶羽状全裂，中上部茎生叶条形或丝形。

1
3
2
4
1
2
3

黄白火绒草 菊科 火绒草属

Leontopodium ochroleucum

Yellowish Edelweiss | huángbáihuǒróngcǎo

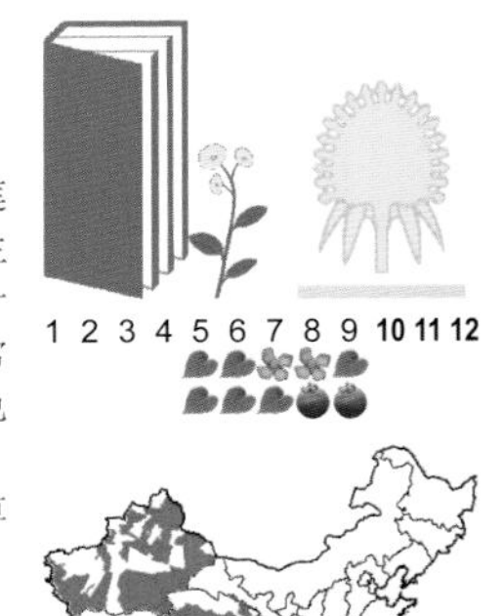

多年生草本。有平卧至直立的分枝，有多数莲座状叶丛和花茎密集的植丛①②，花茎有时单生③。叶两面不同色，被灰白色蛛丝状茸毛；苞叶被浅黄色或灰白色长柔毛①②③④。头状花序通常少数至30个密集①②；总苞片前端褐色或深褐色①②③④，露出于茸毛之上。

产于新疆、青海和西藏。生于高山或亚高山草地、石砾地或雪线附近的岩石上。

总苞片前端褐色；苞叶浅黄色。

苦苣菜 滇苦荬菜 菊科 苦苣菜属

Sonchus oleraceus

Common Sowthistle | kǔjùcài

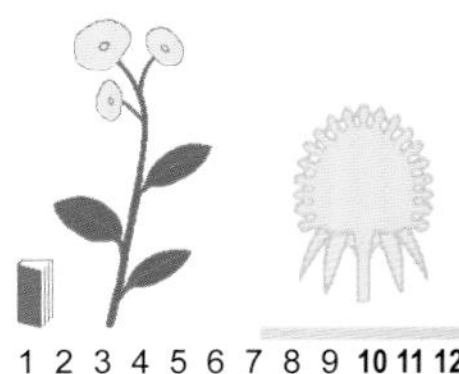

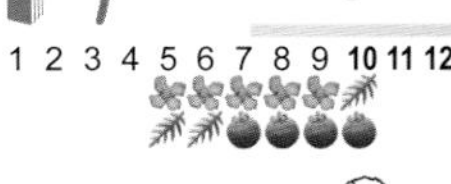

一年生草本。茎直立①，有纵条棱；无毛或于上部有具黑头的腺毛③。基生叶与中下部茎叶羽状深裂①。头状花序在茎枝顶端排成伞房花序①④；全部总苞片外面无毛或有少数腺毛；舌状小花黄色①④。瘦果压扁，每面各有3条纵肋，肋间有横皱纹，无喙；冠毛白色②。

分布全国各地。生于山坡或林缘、田间或近水处。

一年生草本；瘦果每面各有3条纵肋，肋间有横皱纹。

婆罗门参 草原婆罗门参 菊科 婆罗门参属

Tragopogon pratensis

Salsify | póluóménshēn

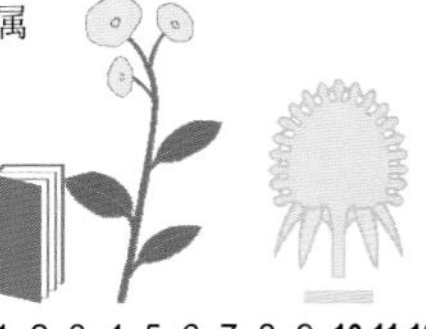

二年生草本。茎直立①，不分枝或分枝。基生叶条形①，中下叶条状披针形，上部叶显著地短。头状花序单生于茎顶枝端①，花序梗在果期不膨大；总苞窄钟状①，果时增大；舌状小花黄色②，干时蓝紫色。瘦果果体弧曲③，等长或长于喙，5棱；冠毛羽毛状④。

产于新疆。生于山坡草地及林间草地，海拔1200～4500 m。

植株无毛；花序梗在果期不膨大；花黄色；冠毛下面有毛环。

头状婆罗门参 菊科 婆罗门参属

Tragopogon capitatus

Capitate Salsify | tóuzhuàngpóluóménshēn

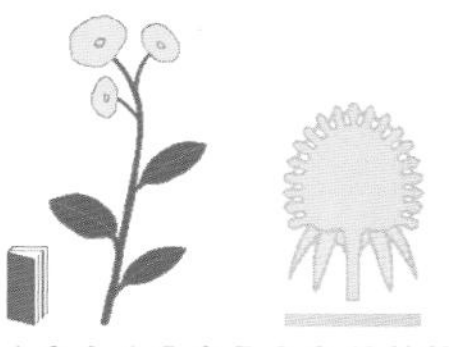

一年生或二年生草本。茎单生①，中部以上分枝。基生叶及下部茎叶线形，中上部茎叶线状披针形①。头状花序大；花序梗上部膨大①；总苞柱状④，果时增大；花序托平③，无托毛，有小窝孔；舌状小花黄色。瘦果沿肋有鳞片状突起；冠毛淡黄白色①②，羽毛状。

产于新疆西部及北部。生于田边、沟旁及山前草坡。

花序梗上部膨大；花黄色；果喙粗直长，顶端不膨大。

1
2
3
4
1
3
2
4

长锥蒲公英　菊科 蒲公英属

Taraxacum longipyramidatum

Long-pyramid Dandelion | chángzhuīpúgōngyīng

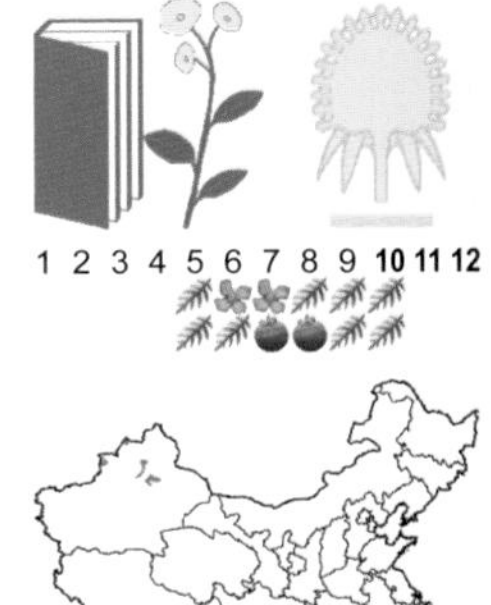

多年生草本。叶长椭圆形①②，全缘或羽状深裂，叶基常显红紫色。花莛2～6枝①②，长于叶，顶端有稀疏的蛛丝状毛；总苞宽钟状，绿色，先端无角或胼胝状加厚为不明显的小角；舌状花黄色①②④。瘦果浅黄褐色，圆柱形，上部有小刺；冠毛白色①②③。

产于新疆的乌鲁木齐、玛纳斯、塔城。生于草原、荒漠洼地、水边、路旁。

花莛顶端有蛛丝状毛；总苞片先端有小角；花黄色；果浅黄褐色。

近全缘千里光　疏齿千里光　菊科 千里光属

Senecio subdentatus

Subdentate Groundsel | jìnquányuánqiānlǐguāng

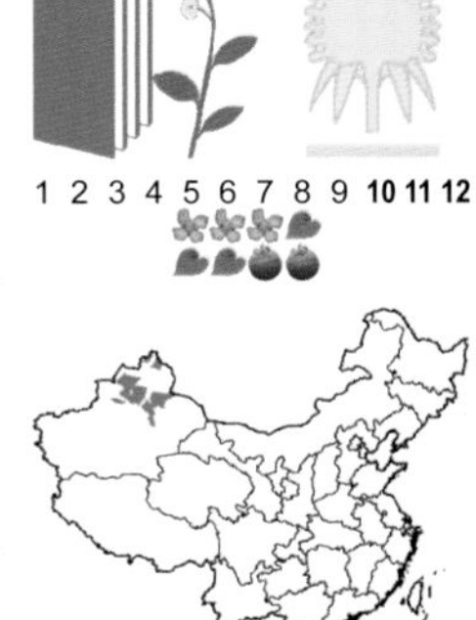

一年生草本。茎于基部及中部分枝①，无毛。叶宽线形或长圆形①，先端略钝，基部半抱茎，全缘或疏齿；上部叶比较小，苞叶线形。头状花序排列成伞房圆锥状①③④；外层总苞片多线形，内层线形；舌状花黄色①②③④。瘦果柱状，密被短毛；冠毛白色。

产于甘肃河西、新疆准噶尔盆地。生于沙丘、丘间低地、半固定沙丘、干旱和石质山坡、沙质和黏质草原。

一年生草本；边缘的舌状花远超出总苞，平展或低垂。

1
2
3
4
1
3
2
4

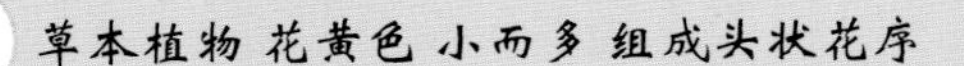

新疆千里光　异果千里光　菊科 千里光属

Senecio jacobaea

Jacob's Groundsel ｜ xīnjiāngqiānlǐguāng

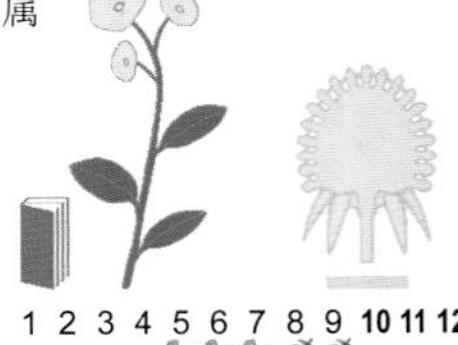

多年生草本。茎单生，或2～5枝簇生①。基生叶在花期枯萎；下部茎叶具柄①，长圆状倒卵形；中部茎叶无柄①，较密集，羽状全裂；上部叶同形①，较小。头状花序有舌状花①②，多数；舌状花黄色①②③。瘦果在舌状花无毛，而在管状花被柔毛。

产于江苏和新疆北疆。生于疏林或草地。

多年生草本；叶羽状全裂；花黄色；瘦果在舌状花无毛。

欧亚矢车菊　菊科 矢车菊属

Centaurea ruthenica

Eero-asiatic Centaurea ｜ ōuyàshǐchējú

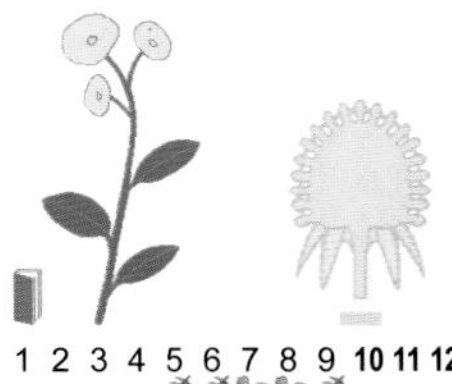

多年生草本。茎直立①，单生或簇生。基生叶与下部茎叶倒披针形，羽状全裂③，有长叶柄；侧裂片8～10对③；中部及上部茎叶渐小，无叶柄；全部叶两面绿色。总苞片黄绿色④，覆瓦状排列，内层顶端有淡褐色的膜质附属物；全部小花黄白色②。

产于新疆天山及阿尔泰山。生于林缘、山沟水边、砾石山坡。

总苞片仅内层顶端有淡褐色的膜质附属物。

1
2
3
1
3
2
4

野莴苣　锯齿莴苣　菊科 莴苣属

Lactuca seriola

Wild Lettuce ｜ yěwō jù

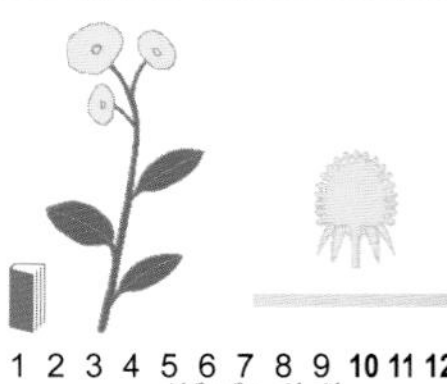

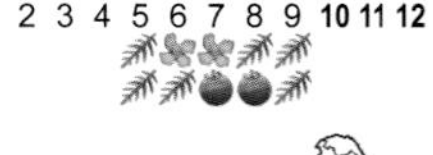

一年生草本；茎直立①，上部分枝，白色或淡黄色；中下部茎生叶羽状深裂②，叶片稀疏并后弯，抱茎；头状花序排列成聚伞圆锥状；花序有花15～20朵，黄色③；瘦果黄褐色④，喙黄色，与果体近等长。

产于新疆天山北麓及吐鄯托盆地。生于荒漠带的农田边。

叶羽状深裂；果体黄褐色。

小疮菊　菊科 小疮菊属

Garhadiolus papposus

Pappose Garhadiolus ｜ xiǎochuāngjú

1 2 3 4 5 6 7 8 9 10 11 12

一年生草本。茎自下部分枝③。基生叶倒披针形，大头羽状浅裂或深裂③；茎生叶少数。头状花序单生于枝端或枝杈处①②，花序梗极短；总苞2层，结果时增大，变硬变厚；舌状花黄色。瘦果圆柱形①②，弯曲，向下渐增粗，外层的短，内层的长，顶端有1圈污白色的短冠毛。

产于新疆西部及北部。生于平原或低山地区。

总苞片果期坚厚；花黄色；瘦果顶端有污白色的短冠毛。

1
3
2
4
1
2
3

小甘菊　　菊科 小甘菊属

Cancrinia discoidea

Discoid Cancrinia | xiǎogānjú

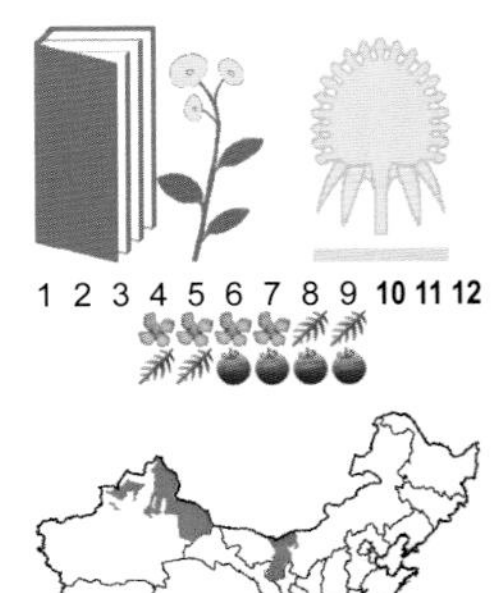

二年生草本。茎自基部分枝②，被白色绵毛。叶灰绿色②，二回羽状深裂，裂片2～5对；叶柄长。头状花序单生②③④；总苞片3～4层，草质，全部总苞片边缘白色膜质；花托明显突起，锥状球形；全部小花两性，筒状，黄色①②③④。瘦果无毛。

产于新疆、内蒙古、宁夏、甘肃和西藏。生于山坡、荒地和戈壁。

二年生草本，茎被白色绵毛；总苞片边缘白色膜质；瘦果无毛。

蝎尾菊　　菊科 蝎尾菊属

Koelpinia linearis

Linear Koelpinia | xiēwěijú

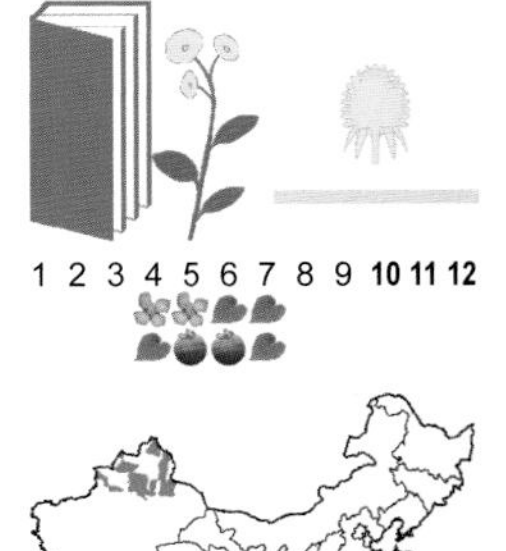

一年生草本。茎纤细①，自基部分枝。叶线形①，无叶柄，全部叶质地薄。头状花序小，腋生或顶生枝端，有时生于植株下部或基部；舌状小花黄色。瘦果6～8枚②③④，褐色或肉红色，圆柱状，蝎尾状内弯，外侧有多数刺毛，顶端刺毛放射状排列②。

产于新疆准噶尔盆地和西藏札达县。生于荒漠砾石地。

果蝎尾状内弯，无冠毛。

里海旋覆花 菊科 旋覆花属

Inula caspica

Caspian Sea Inula | lǐhǎixuánfùhuā

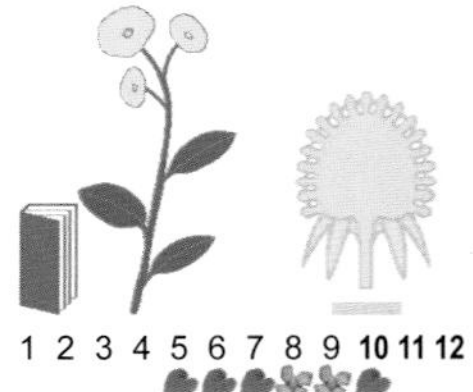

二年生草本。茎基粗厚，有单生或数个簇生的茎①，被疣毛。下部叶在花期常枯萎，狭披针形；中部以上叶线状披针形，有半抱茎的小耳；上部叶较小④，线形。头状花序在枝端单生或2～5个排列成伞房花序①②③；舌状花黄色②③。瘦果近圆柱状，被伏贴毛。

产于甘肃金塔及新疆北部、西北部。生于盐化草甸、洼地。

二年生草本，植株被疣毛；果被伏贴毛。

小鸦葱 矮鸦葱 菊科 鸦葱属

Scorzonera subacaulis

Low Serpentroot | xiǎoyācōng

多年生草本。植株近无茎或茎极短，偶高至10 cm②；被密厚的短柔毛。基生叶多数，线形，半抱茎；茎生叶1～2枚，鳞片状或披针形。头状花序单生茎端或直接生于根颈顶端②；舌状小花黄色①，舌片脉纹暗红色。瘦果圆柱状③，稍弯曲；冠毛淡黄褐色。

产于新疆的乌鲁木齐、精河、伊宁等县。生于山地草坡。

植株有茎或近无茎，茎高4～8 cm，成花莛状，被密厚的短柔毛。

蚤草　菊科 蚤草属

Pulicaria prostrata

Prostrate Pulicaria | zǎocǎo

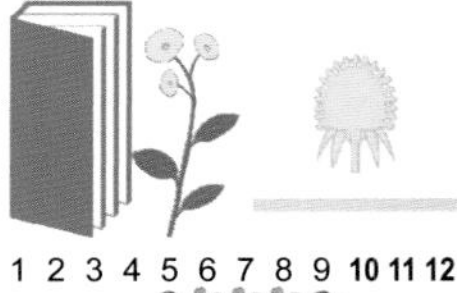

一年生草本。茎柔弱①，常弯曲，被柔毛。叶长圆形①，半抱茎。头状花序小①，单生于分枝的顶端；总苞半球形，背面有长柔毛②；舌状花1层②，黄色。瘦果圆柱形，被密毛；冠毛白色，2层，外层膜片状，内层毛状。

产于新疆西部和北部阿勒泰，黑龙江也可能存在。生于草地、沙地、沟渠沿岸和路旁。

瘦果有冠毛2层，外层膜片状，内层毛状。

星毛戟　沙大戟　大戟科 沙戟属

Chrozophora sabulosa

Linear Koelpinia | xīngmáojǐ

一年生草本，全株密被星状毛。茎单一，分枝稀疏开展①。叶单一②，互生，卵形，基部常偏斜，全缘或有大齿。总状花序短缩③，生于上部叶腋；花单性，雌雄同株；雄花在花序上部，花瓣先端黄色③；雌花在花序下部，果期长达4 cm。蒴果近球形④。

产于新疆的玛纳斯、石河子、沙湾、霍城等县市。生于沙丘背风坡、丘间低地，以及河、湖沿岸沙地。

一年生草本，雌雄同株，密被星状毛；总状花序生于叶腋，有花瓣。

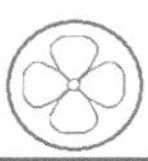

泡果拉拉藤　茜草科 拉拉藤属

Galium bullatum

Crispate Bedstraw | pāoguǒlālāténg

多年生草本④。茎具4角棱①③。叶纸质，每轮4～6片③，顶端具短尖头。聚伞花序顶生，少花；花梗与果等长或较果短；花冠淡白色，花冠裂片长圆形，中央具褐色条纹。果无毛②，白色，有光泽，具疏松、膨胀的果皮。

产于新疆天山西部。生于山地草甸、草原，海拔1500～1800 m。

叶每轮4～6片；聚伞花序；果无毛，具疏松膨胀的果皮。

光果宽叶独行菜　十字花科 独行菜属

Lepidium latifolium* var. *affine

Broadleaf Pepperweed | guāngguǒkuānyèdúxíngcài

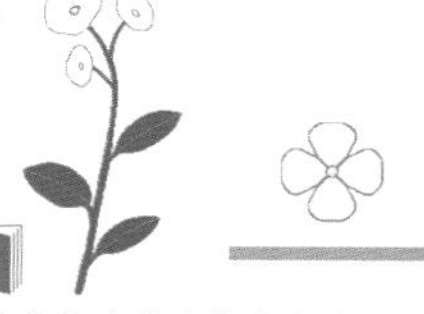

多年生草本。茎多分枝②，基部木质化。叶革质①③，基生叶及下部茎生叶长圆形；茎生叶无柄，披针形，顶端渐尖。总状花序分枝成圆锥状①③；花瓣白色③④。短角果宽椭圆形，先端无翅。种子红褐色，遇水发黏。

产于我国东北、华北、西北沙漠地区，西藏也有分布。生于含盐质的沙滩、田边及路旁。

叶革质，顶端渐尖；短角果基部钝圆。

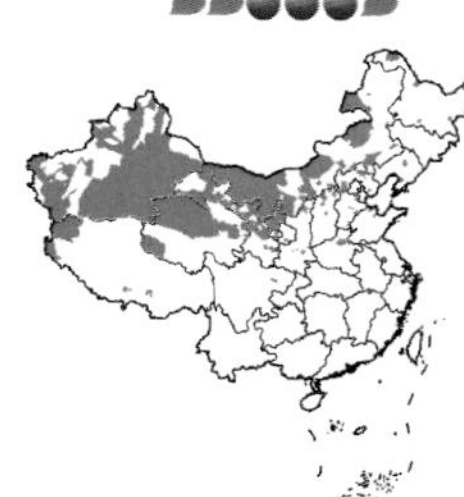

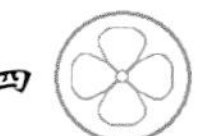

1
2
3
4
1
2
3
4

甘新念珠芥 十字花科 念珠芥属

Neotorularia korolkovii

Korolkov's Torularia | gānxīnniànzhūjiè

一年生或二年生草本，密被分枝毛。茎于基部多分枝②。基生叶大，有长柄；茎生叶叶柄向上渐短或无。花序伞房状①②③，果期伸长；花瓣白色①②③，干后土黄色。长角果圆柱形①④，略弧曲或于末端卷曲，成熟后在种子间略缢缩。

产于甘肃、青海和新疆。生于河边、沙滩、荒地、路边。

花序中无苞叶；花白色；长角果圆柱形，略弧曲或于末端卷曲。

鸟头荠 十字花科 鸟头荠属

Euclidium syriacum

Syrian Mustard | niǎotóujì

一年生草本。枝铺散②③，常于节处稍曲折。叶长圆状椭圆形②，顶端钝圆，基部楔形，边缘具波状齿；下部叶具柄。花序顶生，果期伸长；花白色或黄色。短角果不裂①②③；种子卵形，黑色；花柱圆锥形，向外或向下弯曲。

产于新疆天山北坡。生于前山地带，农区多见。为早春短命植物。

短角果似鸟头。

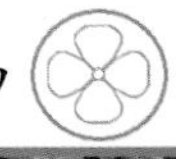

荠 荠菜 菱角菜 十字花科 荠属

Capsella bursa-pastoris

Shepherdspurse | jì

一年生或越年生草本；茎直立或于基部分枝；基生叶多数②，全缘或有疏齿、羽状浅裂、深裂或大头羽状裂；茎生叶无柄，条形或披针形；总状花序顶生或腋生①，果期伸长①③；萼片卵状长圆形，有宽的膜质边缘；花瓣白色④；短角果倒三角形或倒心形①③，扁平。

分布几遍全国。生于山坡、田边及路旁。

短角果倒三角形或倒心形，扁平。

毛果群心菜 十字花科 群心菜属

Cardaria pubescens

Pubescent Cardaria | máoguǒqúnxīncài

多年生草本，密被柔毛。茎直立①④，多分枝。基生叶匙形或椭圆形①；茎生叶披针形，基部具耳，抱茎。总状花序顶生并腋生①④，结果时伸长；花瓣白色①④。短角果密集②③，球形，不开裂，被柔毛，果瓣无龙骨状脊。

产于内蒙古、陕西、甘肃、宁夏和新疆。生于水边、田边、村庄、路旁。

短角果被柔毛，果瓣无龙骨状脊。

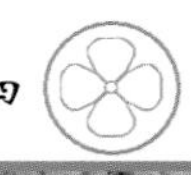

1
2
3
4
1
3
2
4

球果群心菜　十字花科 群心菜属

Cardaria chalepensis

Spheroidalfruit Cardaria | qiúguǒqúnxīncài

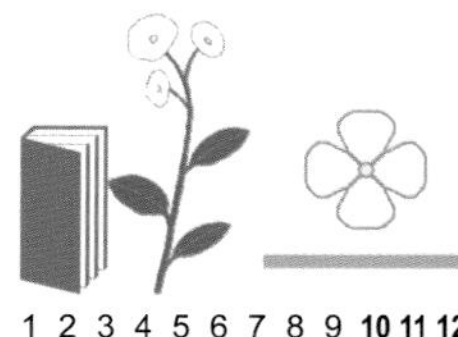

多年生草本，密被柔毛。茎直立②，多分枝。基生叶有柄，匙形，早枯；茎生叶匙形或倒卵形，抱茎。总状花序顶生及腋生②；花瓣白色③。短角果宽卵形或近球形①，膨胀，无毛，有不明显的脉纹。种子每室1粒。

产于甘肃、新疆和西藏拉萨。生于山谷、路边、草地、河滩、村旁。

短角果无毛，有不明显的脉纹。

群心菜　十字花科 群心菜属

Cardaria draba

Common Cardaria | qúnxīncài

多年生草本，被短柔毛。茎直立①，多分枝。基生叶早枯①，茎生叶卵形。圆锥花序伞房状；花瓣白色。短角果宽卵形②，膨胀，基部心形，果瓣无毛，有明显的脉纹，背部有1条明显的脊。

产于新疆和辽宁旅顺。生于山坡路边、田间、河滩及水沟边。

短角果无毛，有明显的脉纹。

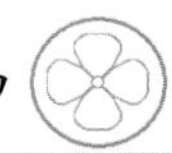

1
2
3
1
2

丝叶芥　十字花科 丝叶芥属

Leptaleum filifolium

Filiform Leptaleum　|　sīyèjiè

一年生草本。茎从基部分枝①②③④。叶丝状③，无叶柄或近无。总状花序有花3～5朵，排列疏松；萼片直立；花瓣白色或粉红色③。长角果线形①②④，稍扁，常稍弯曲；果瓣有1条脉，假隔膜透明。

产于新疆北疆。生于荒漠草地、水沟边。为早春短命植物。

小草本；叶羽状全裂，裂片丝状。

四齿芥　十字花科 四齿芥属

Tetracme quadricornis

Four-tooth Tetracme　|　sìchǐjiè

一年生草本①；全株被星状毛、分枝毛及单毛。叶片长披针形②，多全缘。总状花序，花多数，微小；萼片宽卵形，边缘白色膜质；花瓣白色。长角果圆柱状至四棱形①②③，顶端具4个角状附属物③，直向开展。种子细小，淡褐色。

产于新疆准噶尔盆地。生于干旱荒漠、沙丘、戈壁滩、山坡砾石滩。为早春短命植物。

长角果顶端具4个角状附属物，直向开展。

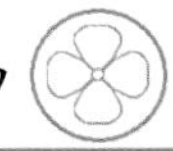

1
3
2
4
1
2
3

四棱荠 十字花科 四棱荠属

Goldbachia laevigata

Smooth Goldbachia | sìléngjì

一年生草本④。基生叶莲座状，叶片长椭圆形，顶端圆钝，基部渐狭；茎生叶无柄，叶片线状长圆形，基部耳状抱茎。总状花序具少数花②，花后伸长；花瓣白色或粉红色②。短角果长圆形①③，具4棱，种子间缢缩，稍弯。

产于我国西北各省区和西藏巴青。生于水渠边或田边。

短角果近4棱，种子间缢缩。

宽翅菘蓝 沙漠菘蓝 十字花科 菘蓝属

Isatis violascens

Broadwing Woad | kuānchì sōnglán

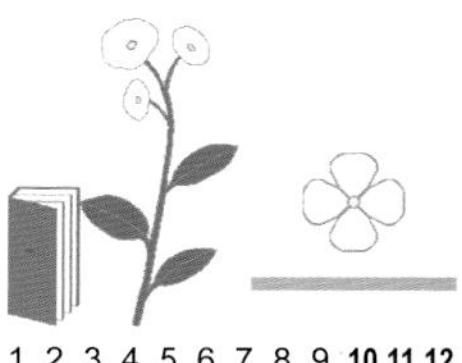

一年生草本。茎直立①，多分枝。基生叶早落①；茎生叶长卵形①，基部具耳，抱茎。圆锥花序疏生；萼片有宽的膜质边缘；花瓣白色。短角果提琴形①②③④，长1～1.5 cm，宽4～6 mm，顶端平截或微凹，基部圆形，周围具翅，翅与果室等宽。

产于新疆古尔班通古特沙漠。生于荒漠地带的半固定沙丘。

花白色；短角果提琴形，具宽翅，果长约为宽的2倍。

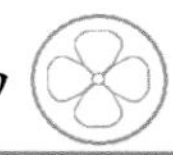

1
2
3
4
1
2
3
4

菥蓂 遏蓝菜 败酱草 十字花科 菥蓂属

Thlaspi arvense

Wild Cress | xīmì

一年生草本；茎直立①②，具棱；基生叶基部抱茎，两侧箭形，边缘具疏齿；总状花序顶生①④；萼片直立，顶端圆钝；花瓣白色①④；短角果扁平①③④，顶端凹入，边缘有翅；种子每室2～8粒，有同心环状条纹。

分布几遍全国。生于路旁、沟边或村落附近。

短角果边缘有翅；种子有同心环状条纹。

西藏燥原荠 十字花科 燥原荠属

Ptilotricum wageri

Tibet Ptilotrichum | xīzàngzàoyuánjì

多年生草本；呈疏松丛生状①，被白色星状毛。茎细①，分枝少。基生叶莲座状，叶片窄长圆形①，顶端极尖，近无柄；茎生叶无柄。花序花时伞房状①，果时伸长成总状；花瓣白色①。短角果椭圆形，扁平；果瓣扁平，无脉；假隔膜中央有大穿孔。

产于新疆和西藏。生于高寒荒漠，海拔3500～4000 m。

短角果椭圆形，假隔膜中央有大穿孔。

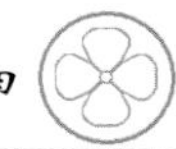

1
2
3
4
1

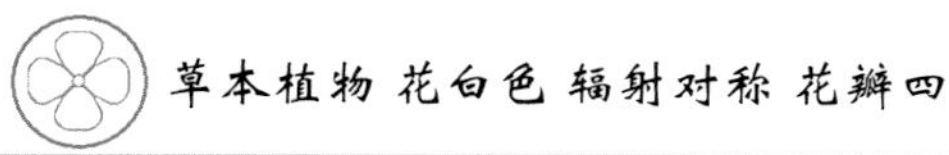

沙芥 山萝卜 十字花科 沙芥属

Pugionium cornutum

Cornuted Pugionium | shājiè

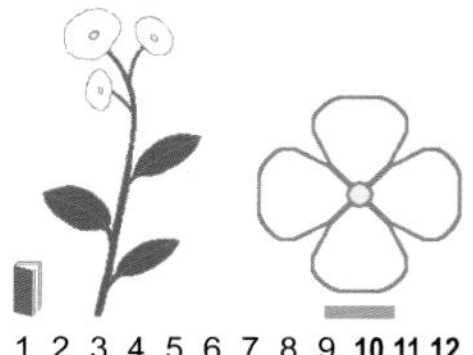

二年生草本。根肉质，手指粗；茎直立①②，多分枝。叶肉质，下部叶有柄，羽状分裂；茎上部叶披针状线形，全缘。总状花序顶生④；花瓣白色或淡玫瑰色③④，宽匙形，顶端细尖。短角果革质③，侧扁，两侧各有1枚披针形翅，有4个或更多角状刺。

产于内蒙古、陕西和宁夏。生于沙漠地带沙丘上。

短角果的翅剑形，2翅同形都发育，上举。

毛萼条果芥 十字花科 条果芥属

Parrya eriocalyx

Hairycalyx Parrya | máoètiáoguǒjiè

多年生草本。基生叶莲座状①②③，稍肉质，叶片长圆形①②③，顶端钝，波状缘，两面被白色单毛。花莛数个①，与叶丛等长或超出叶丛，单花顶生①；萼片直立，条形；花瓣大，(干后)黄白色①。长角果扁平②③，镰形；果瓣中脉显著；假隔膜白色④，半透明。种子每室1行④，长圆形，黑绿色。

产于新疆天山及昆仑山。生于高寒荒漠带的河滩沙砾地、高山草甸，海拔3700～4610 m。

花莛数个，与基生叶等高。

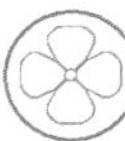
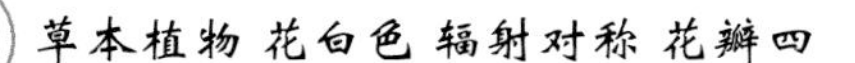

红叶婆婆纳　　玄参科 婆婆纳属

Veronica ferganica

Redleaf Speedwell | hóngyèpóponà

一年生草本，常带红色②④；叶对生，先端钝；总状花序短，轴及花梗有柔毛和红色腺毛；花冠白色或淡蓝色；蒴果倒心形①③，比萼稍短，裂片卵形，边缘具红色腺毛；种子卵状舟形，平滑。

产于新疆准噶尔盆地。生山地草原、高山草甸、林缘、灌丛、干山坡、沙地。为早春短命植物。

一年生草本，根细，植株常带红色；蒴果倒心形。

大苞点地梅　　报春花科 点地梅属

Androsace maxima

Largefruit Rockjasmine | dàbāodiǎndìméi

一年生草本。主根细长；植物体疏被柔毛和小腺毛。叶丛莲座状①；叶片稍肉质。花莛2～4个①②；伞形花序多花④；苞片大，长5～7(15) mm，全缘；花萼杯状③④，果期增大；花冠白色③或淡粉红色④。蒴果近球形①②。

产于内蒙古、山西、陕西、宁夏、甘肃、新疆等省区。生于山谷草地、山坡砾石地、固定沙地及丘间低地。

一年生草本；叶丛莲座状；苞片大，长5～7(15) mm。

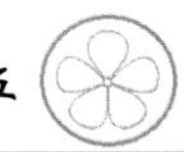

1
2
3
4
1
3
2
4

骆驼蓬 臭古朵 蒺藜科 骆驼蓬属

Peganum harmala

Common Peganum | luòtuopéng

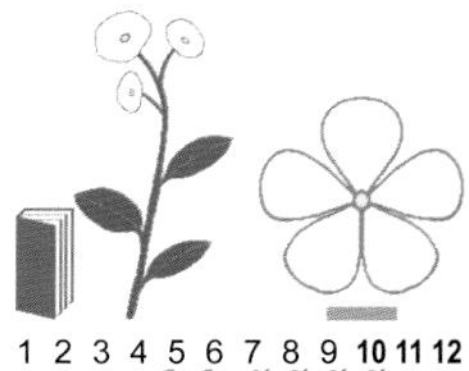

多年生草本。茎直立①，由基部多分枝。叶互生，全裂为3～5条形②或披针状条形裂片。花单生枝端①③，与叶对生；萼片5枚，裂片条形；花瓣黄白色③。蒴果近球形④；种子三棱形。

产于宁夏、内蒙古、甘肃、新疆和西藏。生于荒漠地带干旱草地、绿洲边缘及盐碱化荒地、土质低山坡。

单叶，互生，细裂成条形裂片；花单生，较大。

匍根骆驼蓬 骆驼蓬 骆驼蒿 蒺藜科 骆驼蓬属

Peganum nigellastrum

Little Peganum | púgēnluòtuopéng

多年生草本，植株密被短硬毛。茎由基部多分枝①。叶二到三回深裂，裂片条状③④。花单生于茎端或叶腋，花梗被短硬毛；萼片5枚，深裂成5～7条状裂片；花瓣白色或黄色，倒披针形。蒴果近球形②③④，黄褐色。

产于内蒙古、陕西、宁夏、甘肃和新疆。生于沙质或砾质地、山前平原、丘间低地、固定或半固定沙地。

植株密被短硬毛；叶二到三回深裂。

大翅驼蹄瓣 大翅霸王 蒺藜科 驼蹄瓣属

Zygophyllum macropterum

Macropterous Beancaper | dàchìtuótíbàn

多年生草本；茎多数①②，铺散，被细刺而粗糙；小叶3～5对③；托叶分离，白膜质边，边缘具流苏状齿牙；花单朵生于叶腋①；花瓣匙形或倒卵形，长于萼片1.5倍，顶端钝圆或凹缺，下部具橘黄色爪①；蒴果近球形或卵状球形②④，长20～24 mm，具宽翅。

产于新疆准噶尔盆地。生于低山、河流阶地。

小叶3～5对；蒴果具宽翅。

大花驼蹄瓣 大花霸王 蒺藜科 驼蹄瓣属

Zygophyllum potaninii

Bigflower Beancaper | dàhuātuótíbàn

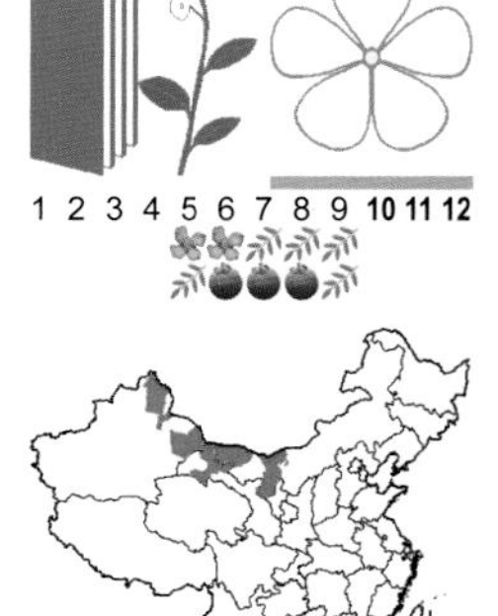

多年生草本；茎直立或开展①，由基部多分枝，粗壮；叶轴具翼；小叶1～2对②；花2～3朵腋生；花瓣白色④，下部橘黄色，短于萼片；雄蕊长于萼片④，鳞片条状椭圆形；蒴果卵圆状球形或近球形①③，长15～25 mm，下垂，具宽翅。

产于内蒙古西部、甘肃河西、新疆北部和东部。生于砾质荒漠、石质低山坡。

小叶1～2对；蒴果近球形，下垂，具宽翅。

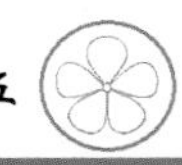

1
3
2
4
1
3
2
4

艾比湖驼蹄瓣 蒺藜科 驼蹄瓣属

Zygophyllum ebi-nurlcum

Ebi-nurlcum Beancaper | àibǐhútuótíbàn

二年生草本。茎基粗短，密被残存叶柄。主茎高至10 cm①，常呈“之”字形弯曲。小叶1对①，椭圆形，顶端圆，基部偏斜，不对称。花1～2朵生于叶腋；花萼淡绿色，具白膜质边；花瓣倒卵形，白膜质。蒴果圆柱形②，无翅，具5棱。

产于新疆精河县。生于流动沙地。

二年生草本；小叶1对。

石生驼蹄瓣 石生霸王 若氏霸王 蒺藜科 驼蹄瓣属

Zygophyllum rosovii

Rockliving Beancaper | shíshēngtuótíbàn

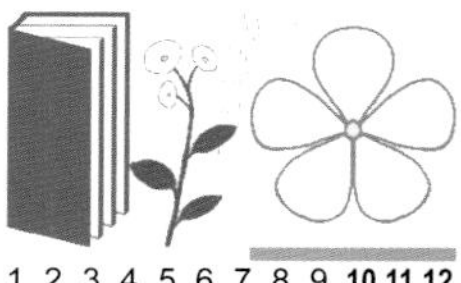

多年生草本；根木质，粗壮；茎多分枝①，通常开展，具沟槽；小叶1对②④，卵形，绿色；花1～2朵腋生；花瓣白色，下部橘红色；雄蕊长于花瓣；蒴果条状披针形③，先端渐尖，稍弯或镰刀状弯曲，下垂；种子灰蓝色。

产于新疆和甘肃河西。生于砾石低山坡、洪积砾石堆、石质峭壁。

小叶1对；蒴果条状披针形，稍弯或镰刀状弯曲，下垂。

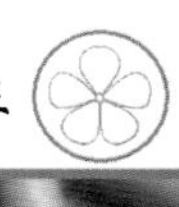

1
2
1
3
2
4

驼蹄瓣 豆型霸王 蒺藜科 驼蹄瓣属

Zygophyllum fabago

Fabarius Beancaper | tuótíbàn

多年生草本①；茎基部木质化；托叶革质，绿色，茎中部以下托叶合生，上部托叶较小，分离；叶柄短于小叶；小叶1对③，倒卵形，先端圆形；花瓣先端近白色④，下部橘红色；蒴果圆柱形②，具5棱，下垂；种子表面有斑点。

产于内蒙古西部、甘肃河西、青海和新疆。生于冲积平原、绿洲、湿润沙地和荒地。

植株高大，可达60 cm；蒴果圆柱形，具5棱。

翼果驼蹄瓣 翼果霸王 蒺藜科 驼蹄瓣属

Zygophyllum pterocarpum

Wingfruit Beancaper | yìguǒtuótíbàn

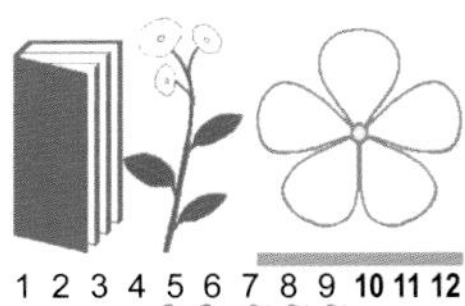

多年生草本；茎疏层①，二歧分枝；小叶2～3对②，条状矩圆形或披针形；花1～2朵生于叶腋；花瓣上部白色，下部橘红色；蒴果矩圆状卵形或卵圆形③，具翅，两端常圆钝，长10～20 mm，宽6～15 mm，翅宽2～3 mm；种子长圆状卵形④，密被乳点状突起而粗糙。

产于内蒙古阿拉善盟、甘肃河西、新疆。生于石质山坡、洪积扇、盐化沙土、梭梭林下。

小叶2～3对；蒴果矩圆状卵形或卵圆形，具翅。

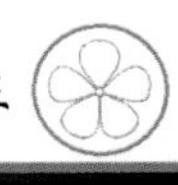

野西瓜苗 香铃草 灯笼花 锦葵科 木槿属

Hibiscus trionum

Flower of an Hour | yěxīguāmiáo

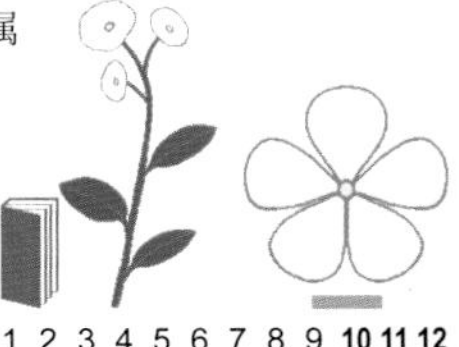

一年生草本；茎柔软①，被白色星状粗毛；叶二型，下部的叶圆形，不分裂，上部的叶掌状3～5深裂④；花单生于叶腋①，花梗被星状粗硬毛；花萼钟形③，具纵向紫色条纹，沿脉密被分枝毛；花淡黄色，内面基部紫色②；蒴果近球形③，具长硬毛，萼膨大，宿存。

分布全国各地。生于平原、山野、丘陵或田埂。

一年生草本；花萼钟形，果时宿存。

小苞瓦松 刺叶瓦松 景天科 瓦松属

Orostachys thyrsiflorus

Thyrseflower Orostachys | xiǎobāowǎsōng

二年生草本。第一年有莲座丛②，短叶先端有短尖头，覆瓦状内弯。第二年自莲座中央伸出花茎，茎生叶线状长圆形①，先端有软骨质的突尖头。总状花序①③④；萼片三角状卵形，急尖；花瓣白色或带浅红色①③④；花药紫色①。蓇葖果直立。

产于西藏、新疆和甘肃。生于海拔1000～2100 m的山坡草地或山地阳坡上。

萼片三角状卵形，急尖；花瓣白色或带浅红色；花药紫色。

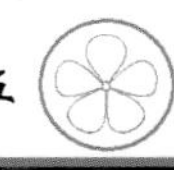

地梢瓜　地梢花 女青 蒿瓜　萝藦科 鹅绒藤属

Cynanchum thesioides

Bastardtoadflaxlike Swallowwort | dì shāoguā

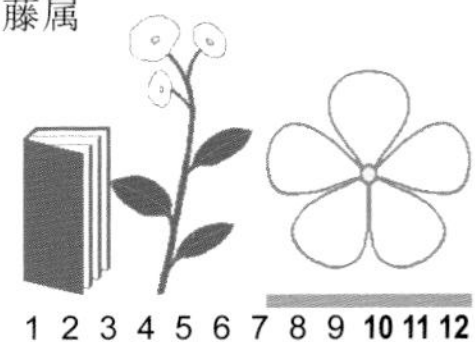

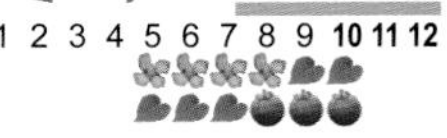

直立多年生草本。茎自基部多分枝①②。叶对生或近对生①④，线形，叶背中脉隆起。伞形聚伞花序腋生；花萼外面被柔毛；花冠绿白色③；副花冠杯状。蓇葖果纺锤形①②④，先端渐尖，中部膨大；种子顶端具绢质白毛。

产于我国东北、华北、西北各省区及江苏。生于低山山坡、固定沙地、荒地、田边。

茎直立；叶线形；花冠绿白色。

砂生地蔷薇　蔷薇科 地蔷薇属

Chamaerhodos sabulosa

Sandy Chamaerhodos | shāshēngdìqiángwēi

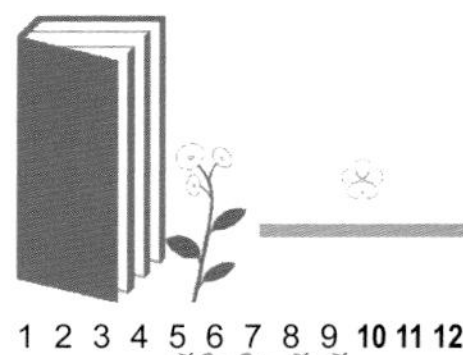

多年生草本。茎丛生③，被短柔毛和腺毛。基生叶莲座状③，二回羽状三深裂，两面灰色，被柔毛和腺毛；托叶不裂；茎生叶与基生叶相似。圆锥状聚伞花序①②④，顶生；花瓣粉红或白色①②④。瘦果棕黄色，有光泽。

产于内蒙古、新疆和西藏。生于河边沙地或砾地。

多年生草本。茎丛生，被短柔毛和腺毛。

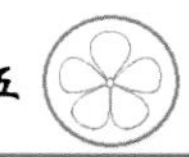

针叶石竹　石竹科 石竹属

Dianthus acicularis

Needleaf Pink | zhēnyèshízhú

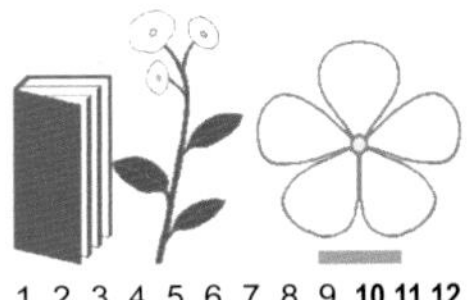

多年生草本。茎多数③，直立。叶片针形③，基部连合成鞘，基生叶密集成丛。花芳香，单生或2～3朵生于茎顶；花萼圆筒形②③，萼齿披针形，锐尖；花瓣白色①②③，稀淡蔷薇色，瓣片椭圆形或倒卵形，上缘缝状深裂，裂片线形①②③。蒴果圆筒形③。

产于新疆北疆。生于海拔550～1300 m石质山坡、荒漠、河滩。

叶片针形；花瓣片裂达1/3。

银灰旋花　旋花科 旋花属

Convolvulus ammannii

Silvery-grey Glorybind | yínhuīxuánhuā

多年生草本。根状茎短，木质化，茎平卧或上升①②④，枝和叶密被贴生银灰色绢毛。叶互生④，线形，无柄。花单生枝端①，具细花梗；花冠漏斗状，淡玫瑰色或白色带紫色条纹③。蒴果球形；种子淡褐红色。

产于我国东北、西北各省区及河北、河南、内蒙古、山西、西藏东部。生于干旱山坡草地或路旁。

茎平卧或上升；叶线形；花通常单一。

1
2
3
1
3
2
4

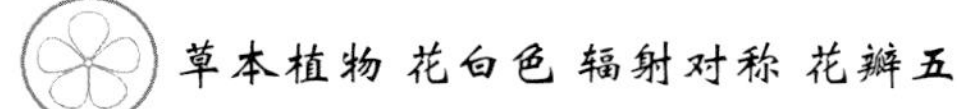

短柱亚麻　亚麻科 亚麻属

Linum pallescens

Short Style Flax | duǎnzhùyàmá

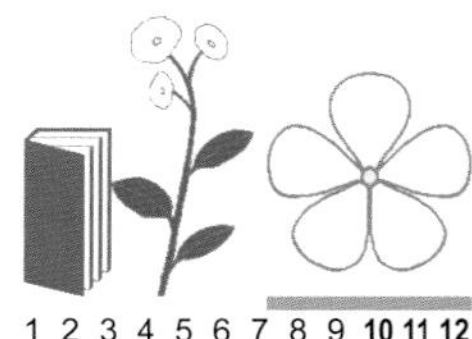

多年生草本。茎多数丛生①。茎具卵形鳞片状叶；茎生叶线状条形①，叶缘内卷，1条脉或3条脉。单花腋生或组成聚伞花序①；花瓣白色或淡蓝色③。蒴果近球形②④，草黄色。

产于西北各省区及内蒙古、西藏（拉萨、江孜）。生于低山干山坡、荒地和河谷沙砾地。

多年生草本；花瓣白色或淡蓝色。

小花紫草　珍珠透骨草　紫草科 紫草属

Lithospermum officinale

Small-flower Gromwell | xiǎohuāzǐcǎo

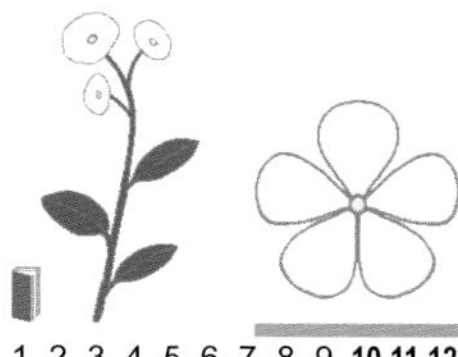

多年生草本，根在幼嫩时稍含紫色素。茎通常单一，直立，上部通常多分枝①。叶无柄①，披针形至卵状披针形，两面均有糙伏毛。花序生茎和枝上部；花萼裂片线形；花冠白色或淡黄绿色，喉部具5个附属物。小坚果乳白色或带黄褐色②，卵球形，平滑，有光泽。

产于新疆北疆、甘肃中部、宁夏及内蒙古。生于山坡草地、林缘等处。

多年生草本；小坚果乳白色或带黄褐色，卵球形，平滑，有光泽。

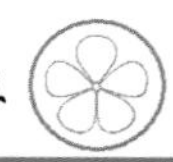

①
②
③
④
①
②

椭圆叶天芥菜 紫草科 天芥菜属

Heliotropium ellipticum

Elliptic Heliotrope | tuǒyuányètiānjiècài

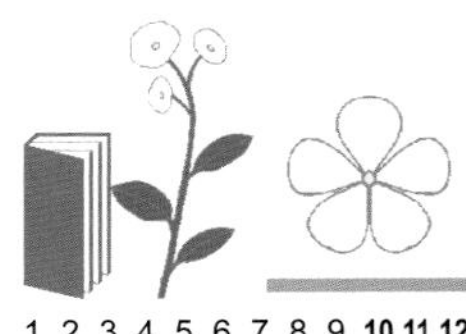

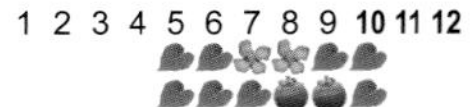

多年生草本。茎被向上反曲的糙伏毛或短硬毛。叶椭圆形①②，上面绿色，下面灰绿色。镰状聚伞花序顶生及腋生②③④；花无梗，在花序枝上排为2列③；萼片狭卵形或卵状披针形；花冠白色②③④。核果具不明显的皱纹及细密的疣状突起。具短花柱，柱头长圆锥形。

产于新疆和甘肃安西。生于砾石荒漠、山沟、路旁及河谷。

叶椭圆形，上面绿色，下面灰绿色。

小花天芥菜 紫草科 天芥菜属

Heliotropium micranthum

Smallflower Heliotrope | xiǎohuātiānjiècài

一年生草本。茎直立，基部多分枝①④。叶卵状长圆形②，上面绿色，有散生的硬毛，下面灰绿色，密生短硬毛。镰状聚伞花序顶生及腋生；花梗细弱，花后增大；花冠白色。核果成熟时裂为4个具单种子的分核③，分核长圆形，扁平，长约5 mm。

产于新疆古尔班通古特沙漠。生于荒漠地带及沙丘坡地。

核果为4个具单种子的分核，分核长圆形。

1
3
2
4
1
3
2
4

垂蕾郁金香　百合科 郁金香属

Tulipa patens

Patent Tulip | chuílěiyùjīnxiāng

多年生草本；鳞茎皮纸质②，内面上部有伏生毛；叶2～3枚，条状披针形①；花单朵顶生①，在花蕾期和凋萎时下垂，花被片白色①③，干后乳白色或淡黄色；雄蕊3长3短④，花丝基部扩大；蒴果长圆形，具果翅。

产于新疆的塔城、温泉、霍城。生于海拔1400～2000 m山地阴坡或灌丛下。

鳞茎皮内面上部有伏生毛；蒴果长圆形。

新疆天门冬　百合科 天门冬属

Asparagus neglectus

Sinkiang Asparagus | xīnjiāngtiānméndōng

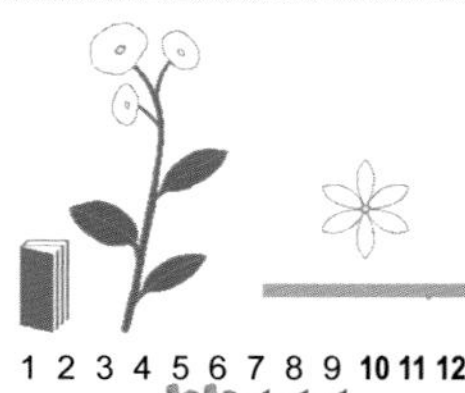

多年生直立草本或攀缘植物。茎中部常有纵向剥离的白色薄膜，除基部外每个节上都有多束叶状枝，分枝较密集。叶状枝每7～25枚成簇①，一般稍弧曲，长5～17 mm，粗0.2～0.3 mm。花1～2朵腋生；花梗关节位于上部①；花被片长圆形。果为浆果①，球形。

产于新疆北疆。生于平原沙漠地及灌丛中。

直立或攀缘植物；叶状枝毛发状，多数簇生。

苦豆子 豆科 槐属

Sophora alopecuroides

Foxtail-like Sophora | kǔdòuzi

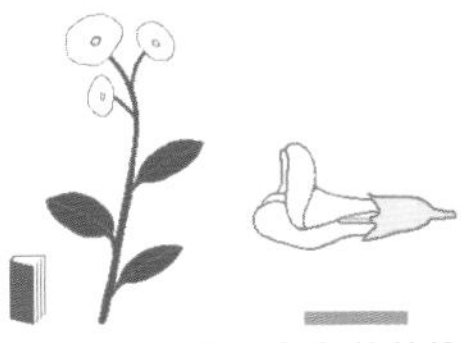

多年生草本；枝被白色或淡灰白色长柔毛或贴伏柔毛；羽状复叶②；小叶7～13对，对生或近互生，纸质，常具小尖头；花冠白色或淡黄色②③④，旗瓣先端圆或微缺；翼瓣具三角形耳；龙骨瓣先端明显具突尖；荚果圆柱形①，缢缩成念珠状。

产于内蒙古、山西、河南、西藏及西北各省区。生于干旱沙漠和草原边缘地带。

奇数羽状复叶；果实念珠状。

混合黄芪 混黄芪 豆科 黄芪属

Astragalus commixtus

Mix-together Milkvetch | hùnhéhuángqí

一年生草本，被开展白色柔毛，仅花序混有黑色毛；茎开展①，由基部分枝；托叶离生，膜质；小叶3～7对①，长圆状椭圆形；总状花序有花2～5朵，花疏；萼筒管状，被黑白色柔毛，齿钻形；花冠青紫色或乳白色；荚果线形①②，先端尖，弧状弯曲，假2室。

产于新疆的吉木萨尔、阜康、呼图壁、玛纳斯、沙湾。生于海拔500～750 m的山坡或田边干旱沙地上。

总状花序；花冠青紫色或乳白色。

1
2
3
4
1
2

小花脓疮草 唇形科 脓疮草属

Panzerina parviflora

Littleflower Panzeria | xiǎohuānóngchuāngcǎo

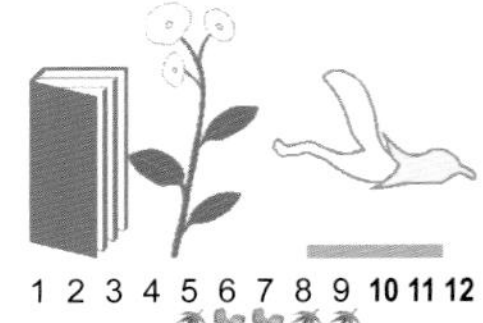

多年生草本；茎四棱形，被极密白色绵状茸毛①②④；叶掌状5裂①，裂片达中部；轮伞花序腋生，具花8～12朵，在茎顶端或枝上端集成短穗状花序；苞片刺状，萼齿5个，宽披针形，先端具长刺状尖头；花冠黄白色，外面密被柔毛③，内面无毛环；小坚果三棱形。

产于新疆阿尔泰和天山东部。生于低山带石质山坡。

花冠黄白色，内面无毛环。

欧夏至草 唇形科 欧夏至草属

Marrubium vulgare

Common Hoarhound | ōuxiàzhìcǎo

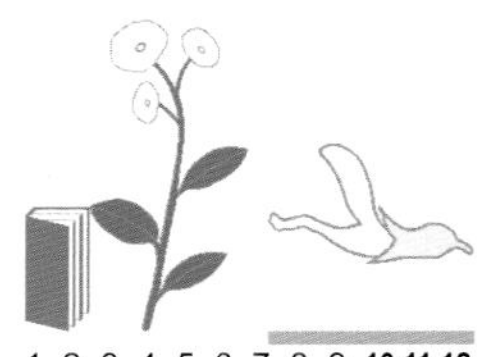

多年生草本。茎由中部以上分枝，密被贴生的绵状柔毛。叶片卵形至圆形②④，向上渐变小，边缘有粗齿状锯齿。轮伞花序腋生①③④，在枝条上部者紧密，下部者较疏松；萼齿通常10个，钻形；花冠白色③，外面密被短柔毛，内面在中部有毛环。小坚果二棱形。

产于新疆北部及西部。生于路旁、沟边。

叶片卵形至圆形，具圆齿；萼齿通常10个。

①
②
③
④
①
②
③
④

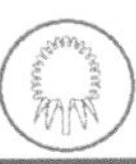

刺头菊　菊科 刺头菊属

Cousinia affinis

Related Cousinia | cìtóujú

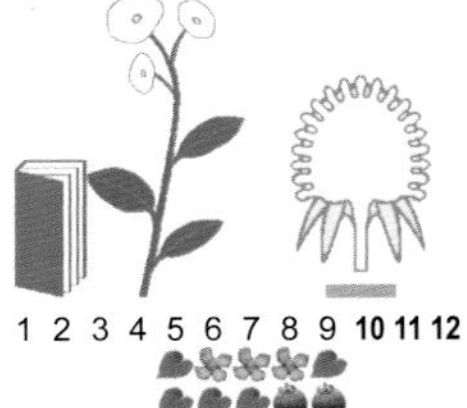

多年生草本。茎直立①，灰白色。基生叶与中部叶椭圆形，边缘大锯齿或浅裂②，有针刺；上部叶更小；全部叶两面异色，上面绿色，下面灰白色。头状花序单生茎端①③；总苞球形④；小花白色或淡黄色①③。瘦果有花斑，肋棱在果顶伸出成4枚刺尖。

产于新疆准噶尔盆地及阿尔泰山区。生于沙丘及荒漠。

茎无翅；头状花序大，总苞直径1～1.8 cm(不包括针刺)；小花白色或淡黄色。

絮菊　菊科 絮菊属

Filago arvensis

Fluffweed | xùjú

一年生草本。茎直立①，被密绵毛。叶直立①②，披针形，顶端有小尖头，两面被厚绵毛。头状花序卵圆形，2～10个密集成团伞状①②③，顶生和腋生。总苞被棉毛，紧密抱持雌花，中脉绿色，在果成熟后开展成星状④。瘦果细小。

产于新疆西部和西藏西部。生于干旱坡地、滩地或沙地。

矮小的草本；花为托片包被。

1
2
3
4
1
2
3
4

青新棒果芥　十字花科 棒果芥属

Sterigmostemum violaceum

Violet Sterigmostemum | qīngxīnbàngguǒjiè

二年生或多年生草本。茎密被分枝毛及头状腺毛。基生叶与下部茎生叶矩圆形；茎枝无叶或有少数披针形叶片②，叶柄短或不明显。萼片矩圆形，外面密被分枝毛；花瓣蓝紫色③(干枯后常带黄色)。长角果圆柱形①④，密被分枝毛及头状腺毛，喙先端2裂。

产于新疆和青海。生于石质干旱山坡。

植株密被分枝毛及头状腺毛；花瓣蓝紫色；角果上腺毛排列无规律。

白毛花旗杆　十字花科 花旗杆属

Dontostemon senilis

White Hair Dontostemon | báimáohuāqígān

多年生草本，密被白色开展的长直毛。茎基部呈丛生状分枝①②④，下部黄白色。叶草质①②④，线形，密被白色长毛。总状花序顶生①④；萼片具白色膜质边缘，背面被多数长直毛；花瓣紫色或带白色③。长角果圆柱形②，稍弧曲并扭曲。

产于内蒙古、甘肃、宁夏和新疆。生于石质山坡、阳坡草丛、高原荒地或干旱山坡。

叶草质，线形，密被白色长毛；长角果圆柱形，稍弧曲并扭曲。

1
2
3
4
1
3
2
4

扭果花旗杆 十字花科 花旗杆属

Dontostemon elegans

Elegant Dontostemon | niǔguǒhuāqígān

多年生草本。茎基部多分枝②，黄白色，少叶。叶常密集，肉质，倒宽披针形或宽线形④，幼时有白色长单毛或柔毛。总状花序顶生或腋生③，具多花；花瓣蓝紫色至玫瑰红色③，具紫色脉纹。长角果光滑①，带状，扭曲或卷曲。

产于甘肃西北部及新疆哈密地区。生于沙砾质戈壁滩、荒漠、洪积平原及干河床沙地。

叶肉质，倒宽披针形或宽线形，老时近无毛；长角果带状，扭曲或卷曲。

离子芥 离子草 荠儿菜 十字花科 离子芥属

Chorispora tenella

Slender Chorispora | lízǐjiè

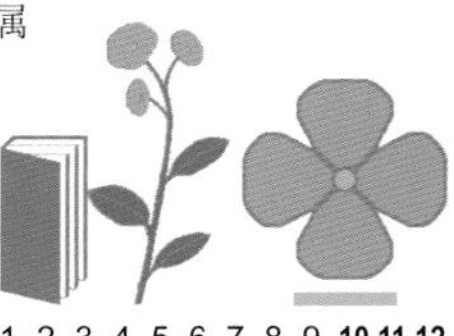

一年生草本，植株具稀疏单毛和腺毛。基生叶丛生①，早枯，宽披针形，边缘具疏齿或羽状裂，基部渐窄成柄；茎生叶与之相似而较小，最后为全缘。总状花序疏展①，果期延长；花淡紫色或淡蓝色①。长角果圆柱形①②，略向上弯曲，具横节及长喙。

产于我国西北各省区及辽宁、河北、山西、河南、内蒙古。生于荒地、荒滩、山坡草丛、路旁沟边及农田中。

花淡紫色或淡蓝色；长角果圆柱形。

1
2
3
4
1
2

涩荠 马康草 离蕊芥 十字花科 涩荠属

Malcolmia africana

African Malcolmia | sèjì

一年生草本，密生单毛或叉状硬毛。茎多分枝①，有棱角。叶具柄或近无柄，叶片长圆形或椭圆形②，顶端急尖，基部楔形，边缘有波状齿或全缘。总状花序有14～30朵花③，果期伸长；花瓣紫色或粉红色③。长角果圆柱形④，近4棱，直立或稍弯曲，密生分叉毛。

产于我国西北各省区及河北、山西、河南、安徽、江苏、内蒙古、四川。生于路边荒地或田间。

长角果圆柱形，直立或稍弯曲，密生短或长分叉毛。

近长角条果芥 十字花科 条果芥属

Parrya subsiliquosa

Silique Parrya | jìnchángjiǎotiáoguǒjiè

多年生草本。基生叶莲座状丛生①，叶片长椭圆形，边缘浅羽裂。基生叶、花莛及果梗均有白色长单毛。花莛直立；总状花序多花，果期伸长；萼片紫色；花瓣紫色或紫红色，有深色脉纹。长角果条形①②，扁平；果瓣有明显中脉及侧网状脉，顶端骤缩成短喙。

产于新疆天山后峡。生于海拔2100～2200 m的山坡草地、岩隙阳处。

花莛高15～40 cm。

1
3
2
4
1
2

羽叶婆婆纳　玄参科 婆婆纳属

Veronica pinnata

Pinnate Speedwell | yǔyèpóponà

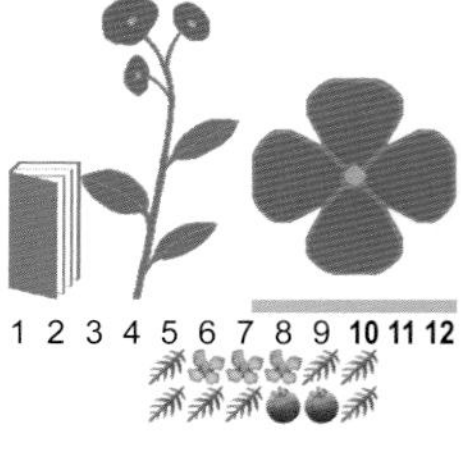

多年生草本，植株被短而向上的白色曲毛。根木质化。茎多支丛生①。叶互生④，狭条形至倒披针形，多少镰刀状弯曲，羽状分裂或仅有锯齿至全部近于全缘，叶腋常有不发育的分枝④。总状花序长穗状①②；花冠浅蓝色、浅紫色①②，少白色。蒴果长宽均2～4 mm③。

产于新疆北疆。生于山地草原、灌丛、林缘。

茎丛生；根木质化。

海乳草　报春花科 海乳草属

Glaux maritima

Seamilkwort | hǎirǔcǎo

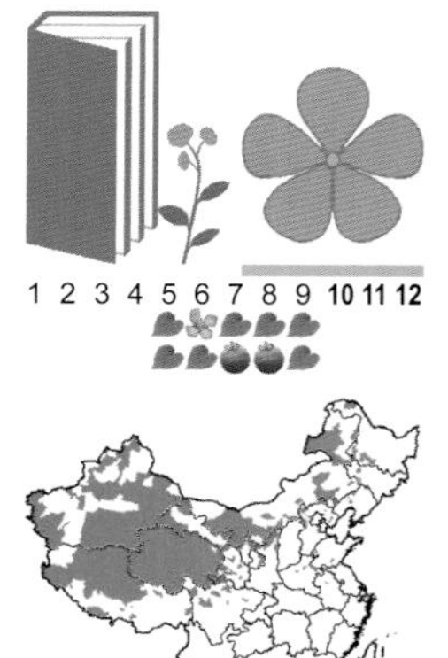

多年生草本。直立或下部平卧①②，节间短，通常有分枝。叶近于无柄②，交互对生或有时互生，间距极短。花单生于茎中上部叶腋①②③④；花萼钟状，白色或粉红色①②④，似花冠状。蒴果卵状球形③，先端稍尖，略呈喙状。

产于我国东北、西北各省区及河北、山东、内蒙古、四川、西藏等省区。生于海边及内陆河漫滩盐碱地和沼泽草甸中。

植株矮小；无花冠，花萼白色或粉红色。

1
2
3
4
1
2
3
4

大叶补血草　白花丹科 补血草属

Limonium gmelinii

Gmelin's Sealavender | dàyèbǔxuècǎo

多年生草本。根粗壮，木质。茎基部具残遗枯叶柄。叶基生②，长椭圆形，宽大。花序呈大型伞房状①，通常中部以上具三到四回分枝；穗状花序多少有柄，密集在末级分枝的上部，由2～7个小穗紧密排列而成；萼檐淡紫色至白色；花冠蓝紫色③④。

产于新疆北疆。生于盐渍化的荒地和盐土上，低洼处常见。

叶基生，长椭圆形，宽大。

繁枝补血草　白花丹科 补血草属

Limonium myrianthum

Manyflower Sealavender | fánzhībǔxuècǎo

多年生草本。茎基具多数极短的木质化分枝。叶基生②，匙形。花序大型圆锥状①；花序轴常中部以上具三到五回分枝，下部分枝形成多数不育枝③；小枝细短而繁多；穗状花序列于细弱分枝的上部，由3～7(9)个小穗排列而成；萼檐白色；花冠蓝紫色④。

产于新疆北疆。生于盐渍化的荒滩和湖边阶地上。

叶基生，匙形；有多数不育枝。

鸡娃草 小蓝雪花 白花丹科 鸡娃草属

Plumbagella micrantha

Littleflower Plumbagella | jīwácǎo

一年生草本，被钙质颗粒。茎通常有6～9节①，具条棱，沿棱有细小皮刺。叶匙形至倒卵状披针形④。花序常含4～12个小穗②③；萼绿色，筒状圆锥形；萼宿存，果时萼筒棱脊上生1～2个鸡冠状突起，并略增大而变硬；花冠淡蓝紫色②。蒴果暗红褐色，有5条淡色条纹③。

产于西藏、四川、甘肃、青海和新疆。生于细沙质的路边和山坡。

一年生草本；花冠筒部长于花萼。

驼舌草 刺叶矶松 棱枝草 白花丹科 驼舌草属

Goniolimon speciosum

Beauty Goniolimon | tuóshécǎo

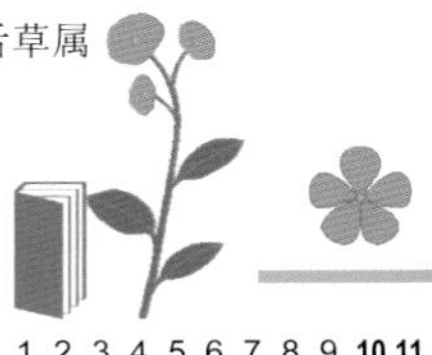

多年生草本。茎基部木质，茎基多头。叶基生③，莲座状，叶厚、质硬，两面被钙质颗粒。花序伞房状或圆锥状；花序轴多少呈“之”字形曲折④；穗状花序列于各级分枝的上部和顶端，由5～9(11)个小穗排成紧密的覆瓦状2列。萼筒几全部被毛，脉常紫褐色②；花冠紫红色①。

产于内蒙古呼伦贝尔高原和新疆北疆。生于草原地带的山坡或平原。

叶较小，长2～6 cm，两面显著被钙质颗粒。

1
3
2
4
1
3
2
4

喀什牛皮消 合掌消 萝藦科 鹅绒藤属

Cynanchum kashgaricum

Amplexicaul Swallowwort | kāshíniúpíxiāo

多年生草本；主根粗壮。茎多数②，直立，丛生，黄绿色。叶对生④，三角状卵形或宽心形，先端锐尖，基部心形，黄绿色。聚伞花序生于中上部叶腋；花萼5深裂③；花冠暗紫色③，被鳞毛和腺点；副花冠2轮。蓇葖果单一①，生于花序轴顶端，窄披针形。

产于新疆塔克拉玛干沙漠。生于平坦盐渍化沙地及半固定低平沙丘。

非藤本植物；叶三角状卵形或宽心形；花紫色。

尖喙牻牛儿苗 脱喙牻牛儿苗 牻牛儿苗科 牻牛儿苗属

Erodium oxyrrhynchum

Rostrate Heron's Bill | jiānhuìmángniú'érmiáo

一年生或二年生草本，全株被灰白色柔毛；茎铺散①，分枝；茎生叶对生，叶片长卵形或矩圆形，3～5裂或一回奇数羽状分裂，边缘齿圆钝；花序伞形，通常具1～3朵花；萼片椭圆形，具短尖头；花瓣淡蓝紫色②；蒴果椭圆形④，喙长达7～9 cm，易脱落，成熟裂开后呈羽毛状③。

产于新疆北疆和喀什地区。生于砾石戈壁、半固定沙丘和山前地带的冲沟。

果喙脱落。

1
2
3
4
1
2
3
4

泡囊草 大头狼毒 茄科 泡囊草属

Physochlaina physaloides

Common Physochlaina | pàonángcǎo

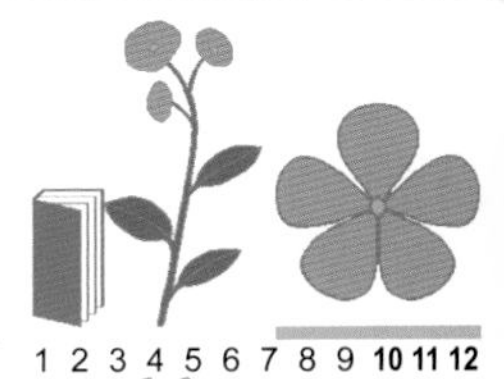

多年生草本。根状茎可发出1至数茎①。叶卵形①，具叶柄。聚伞花序，有鳞片状苞片；花萼狭钟形，5浅裂，密生缘毛，果时增大成近球状②③，萼齿顶口不闭合；花冠漏斗状，紫色。种子扁肾状，黄色。

产于新疆、内蒙古、黑龙江和河北。生于山坡草地或林边。

聚伞花序；花紫色。

刺果芹 伞形科 刺果芹属

Turgenia latifolia

Broadleaf Turgenia | cìguǒqín

一年生草本。茎叉状分枝①，密被短柔毛和开展的灰白色刺毛。叶长圆形，一回羽状全裂④。复伞形花序有伞辐2～5条①；总苞片4～5枚，披针形，有白色膜质边缘；花瓣紫红色或玫瑰红色②③，两性花的1个花瓣特大②③，倒肾形。果实卵形，沿棱有刺毛。

产于新疆的塔城及阿勒泰地区。生于低山荒地、路旁、冲沟。

叶一回羽状全裂；果实卵形，有主棱和次棱，被1～3行刺。

1
2
3
1
2
3
4

刺叶　刺石竹　石竹科 刺叶属

Acanthophyllum pungens

Rockgarden Spinepink | cìyè

多年生草本；主根粗壮。茎丛生①②，常呈圆球状。叶平展或反折③，叶片锥状针形，从叶腋生出针刺状不育短枝。伞房花序顶生①②；花梗极短；花萼筒状，被白色短柔毛，纵脉5条，顶端锥刺状；花瓣红色或淡红色④。

主产于新疆古尔班通古特沙漠。生于砾石山坡或沙质地。

叶钻形，硬如针刺。

紫萼石头花　石竹科 石头花属

Gypsophila patrinii

Purple Calyx Gypsophila | zǐèshítouhuā

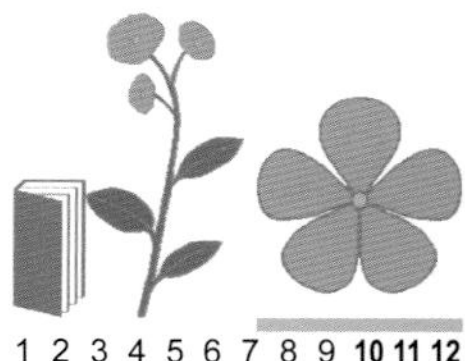

多年生草本，全株无毛；叶对生①，线形，顶端急尖，基部联合成短鞘状；基生叶簇生②③，茎生叶稀疏；聚伞花序顶生②；萼脉宽，绿色或带紫色，脉间膜质，淡紫色；花瓣粉红色④，基部楔形，先端微凹；蒴果广卵形，顶端4裂；种子红褐色，具疣状突起。

产于宁夏、甘肃、青海和新疆。生于海拔550～3400 m的戈壁、石质山坡、岩缝及山坡草地。

萼紫色；花粉红色。

1
3
2
4
1
2
3
4

瞿麦　石竹科 石竹属

Dianthus superbus

Fringed Pink | qúmài

多年生草本。茎丛生。叶片线状披针形，顶端锐尖，中脉特显。花1～2朵生枝端①②；苞片2～3对，倒卵形；花萼圆筒形；花瓣淡红色或紫色①，稀白色②，顶端深裂成细丝状，基部成爪，有须毛。蒴果长筒形，顶端4齿裂。

分布全国各省区。生于林缘、草甸、沟谷溪边。

萼筒长15～20(23) mm；花瓣分裂成细丝状。

王不留行　麦兰菜　石竹科 王不留行属

Vaccaria hispanica

Semen Vaccariae | wángbùliúxíng

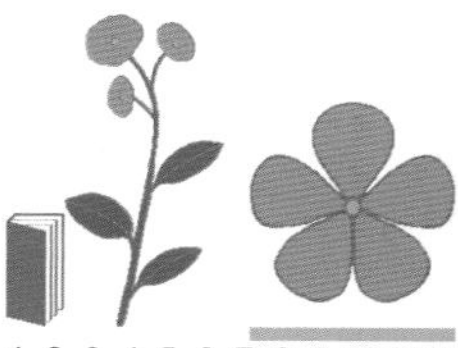

一年生草本；全株光滑无毛，灰绿色。茎直立①，圆形，中空。叶卵状椭圆形④，稍抱茎，粉绿色。聚伞花序生枝端①，有多数花，呈伞房状；萼花后增大②，脉棱间绿白色，膜质；花瓣粉红色③，先端具不整齐小齿，基部具长爪。蒴果包于宿存萼内。种子多数，暗黑色。

除华南以外，广布于全国各地。生于荒地、麦田、沟渠边。

萼下无苞片。

1
2
1
2
3
4

糙草 紫草科 糙草属

Asperugo procumbens

Roughstraw | cāocǎo

一年生蔓生草本。茎细弱①，攀缘，沿棱有短倒钩刺。下部茎生叶具叶柄，叶片匙形；中部以上茎生叶无柄①。花常单生叶腋；花萼5裂，花后增大，略呈蚌壳状③④，边缘具锯齿；花冠蓝色①②。小坚果狭卵形③，灰褐色，表面有疣点。

产于我国西北各省区及山西、内蒙古、四川、西藏。生于山地草坡、村旁、田边等处。

花萼花后强烈增大，略呈蚌壳状，边缘具锯齿。

翅鹤虱 紫草科 翅鹤虱属

Lepechiniella lasiocarpa

Hairyfruit Lepechinella | chìhèshī

一年生草本。茎自下部多分枝①②，被白色长糙毛。基生叶匙形，具柄；茎生叶条形①②。花序在果期伸长①，花稀疏；花梗在果期伸长；花冠淡蓝色②，喉部有5个附属物。小坚果狭卵形，有疣状突起，背盘边缘的翅向上方收缩成囊状③④，草黄色。

产于新疆准噶尔盆地。生于半固定沙地、河岸沙地、梭梭林下。

小坚果背盘边缘翅状。

1
2
3
4
1
2
3
4

腹脐草 紫草科 腹脐草属

Gastrocotyle hispida

Hispid Gastrocotyle | fùqícǎo

一年生草本；植株灰白色①，被开展的粗硬毛及向下的短伏毛。茎由基部分枝。叶长圆形或长圆状披针形①，上面绿色，下面灰色。花单生叶腋②，具极短的花梗；花萼花后增大；花冠蓝色②③或紫色，筒状，喉部有5个具柔毛的附属物。小坚果肾状④，背面具突起及皱褶。

产于新疆准噶尔盆地及塔里木盆地。生于平原荒漠、盐碱地及冲积扇。

植物体有硬毛。

密枝鹤虱 紫草科 鹤虱属

Lappula balchaschensis

Densebranch Stickseed | mìzhīhèshī

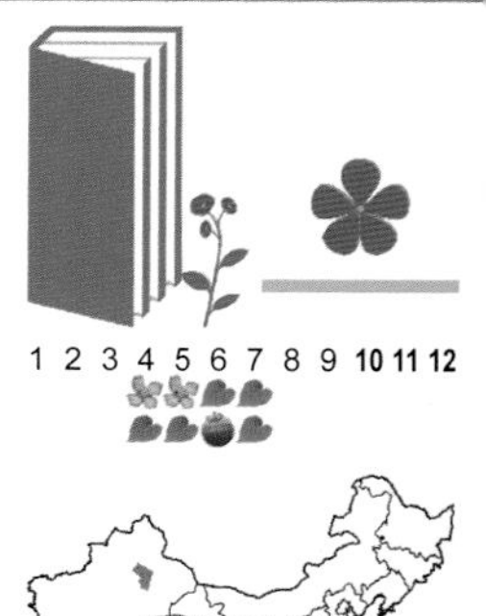

一年生草本；基部多分枝③，呈长圆状球形。茎及小枝密被白色糙毛。基生叶莲座状，茎生叶线状披针形②。花序生于小枝顶端①④，短而密集；花冠淡蓝色①④，钟状。小坚果背盘狭卵形②，边缘厚而突起，常卷曲，其上具1行锚状刺，果腹面棱脊全长与雌蕊基相结合。

产于新疆的吐鲁番、托克逊。生于荒漠或半荒漠地带。

小坚果背盘边缘隆起常内卷，果腹面棱脊全长与雌蕊基相结合。

1
3
2
4
1
2
3
4

假狼紫草　紫草科 假狼紫草属

Nonea caspica

Common Nonea | jiǎlángzǐcǎo

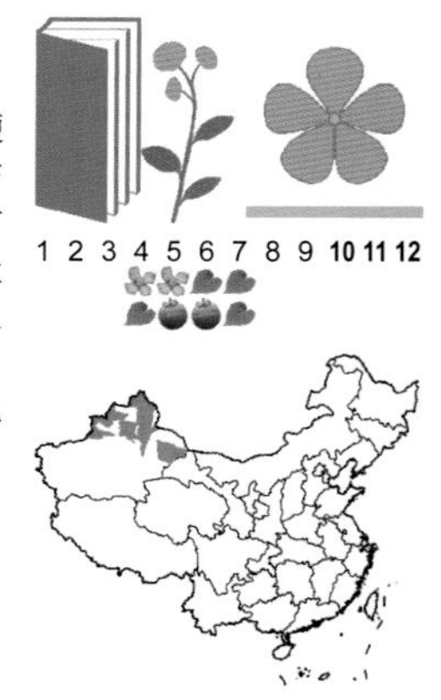

一年生草本。常自基部分枝①，有开展的硬毛、短伏毛和腺毛。叶无柄③。花序花期短，花密集，花后延长；花序轴、苞片、花梗及花萼都有短伏毛和长硬毛；花单生②③④；花萼裂片披针状三角形②；花冠紫红色②③④，附属物位于喉部之下。小坚果肾形，黑褐色，表面有横细肋。

产于新疆北疆。生于山坡、洪积扇、河谷阶地等处。

花冠附属物位于喉部之下。

蓝蓟　紫草科 蓝蓟属

Echium vulgare

Blue Thistle | lánjì

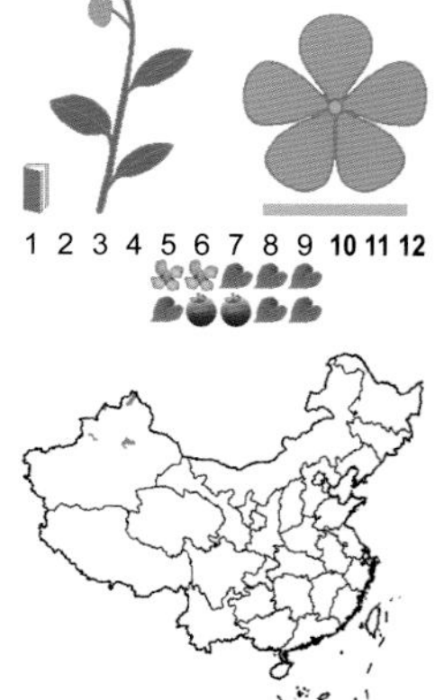

二年生草本；有开展的长硬毛和短密伏毛，多分枝②。基生叶和茎下部叶线状披针形；茎上部叶较小，披针形，无柄。花序狭长①，较密集；花萼裂至基部③，外面有长硬毛，裂片披针状线形，果期增大；花冠斜钟状，两侧对称，蓝紫色①③④，上方1个裂片较大。小坚果卵形，表面有疣状突起。

产于新疆阿尔泰山、塔尔巴哈台山及天山。生于山地草原和山坡。

花冠两侧对称，上方1个裂片较大。

1
3
2
4
1
2
3
4

颅果草　紫草科 颅果草属

Craniospermum echioides

Echiumlike Craniotome | lúguǒcǎo

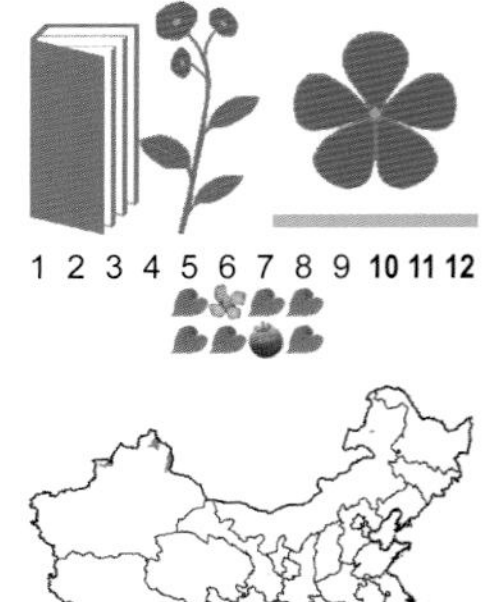

多年生草本。茎1～3条①，有长硬毛和短伏毛。叶狭倒披针形①，无柄，两面均有短伏毛。镰状聚伞花序集中在茎的上部①，花密集；萼裂至基部②，裂片线形，果期伸长，有长硬毛和短伏毛；花冠蓝色。小坚果边缘翅有细齿。

产于新疆的博乐，内蒙古和东北亦产。生于干旱山沟。

茎上部分枝；花冠蓝色；花药及花丝外露。

灰毛软紫草　紫草科 软紫草属

Arnebia fimbriata

Greyhairy Arnebia | huīmáoruǎnzǐcǎo

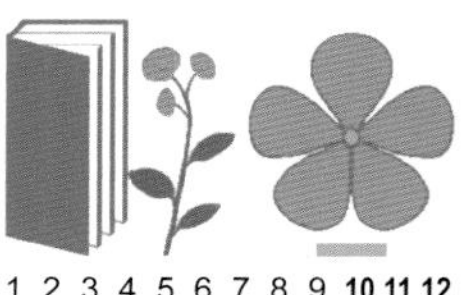

多年生草本，全株密生灰白色长硬毛；茎通常多条①，多分枝；叶无柄③，线状长圆形至线状披针形；镰状聚伞花序具排列较密的花①；苞片线形；花萼裂片钻形，两面密生长硬毛；花冠淡蓝紫色、粉红色②③、白色；小坚果三角状卵形，密生疣状突起，无毛。

产于宁夏、甘肃西部及青海柴达木盆地。生于戈壁、山前冲积扇及砾石山坡等处。

植株密生灰白色长硬毛；花蓝紫色、粉红色、白色。

1
2
1
2
3

翅果草 紫草科 翅果草属

Rindera tetraspis

Wing Rindera | chìguǒcǎo

多年生草本。茎直立①④，具肋棱。基生叶具长柄①④，长圆形或披针形；茎中部叶长圆形，具短柄；茎上部叶卵形，无柄，稍抱茎。镰状聚伞花序生茎顶端④，呈圆锥状；花冠紫红色②，筒状钟形。小坚果圆形③，具宽翅，翅全缘。

主产新疆阿勒泰地区。生于石质戈壁。

小坚果圆形，具宽翅，翅全缘。

光胖鹤虱 紫草科 鹤虱属

Lappula karelinii

Karelin's Lappula | guāngpànghèshī

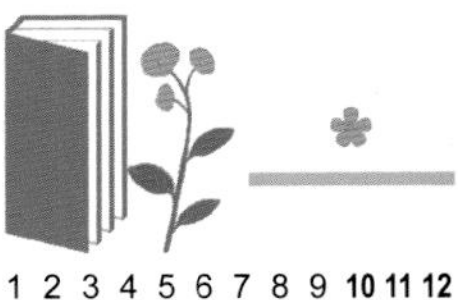

二年生密丛生草本。自基部发出多条丛生的茎②。茎上部有短而密的分枝②。基生叶莲座状，叶片匙形；茎生叶条形②。花序生于小枝顶端①，具多数密集的花及果实；花冠小①，钟状。小坚果4个，异形③，卵状，光滑，有光泽，其中2个小坚果具长刺，另外2个小坚果具短刺。

产于新疆布尔津县。生于沙地。

花序上的果实均为异形小坚果。

1
2
3
4
1
2
3

类北葱

百合科 葱属

Allium schoenoprasoides

Chive-like Onion | lèiběicōng

多年生草本。鳞茎近球状③，粗0.8～1.5 cm；鳞茎外皮紫黑色，膜质，不破裂。叶2～3枚①，半圆柱状，比花莛短。花莛圆柱状①；伞形花序球状①②，具多而密集的花；小花梗近等长；花紫红色①②。子房基部无凹陷蜜穴。

产于新疆天山北麓。生于高山和亚高山地带的山坡或草甸。

鳞茎外皮紫黑色，膜质，不破裂；花紫红色。

蜜囊韭

百合科 葱属

Allium subtilissimum

Honeybag Onion | mìnángjiǔ

多年生草本。具不明显的直生根状茎；鳞茎数枚聚生，外皮淡灰褐色，膜质。叶3～5枚①，近圆柱状，纤细，常短于花莛。花莛纤细①。总苞2裂，具与裂片近等长的喙，宿存；伞形花序具少数花①，松散；花淡红色至淡红紫色①，近星芒状开展。

产于新疆北疆。生于干旱山坡和沙石荒漠。

鳞茎具不明显的直生根状茎；花淡红色至淡红紫色。

①
②
③
1

粗柄独尾草　沙独尾草　百合科 独尾草属

Eremurus inderiensis

Thickstipe Desertcandle | cūbǐngdúwěicǎo

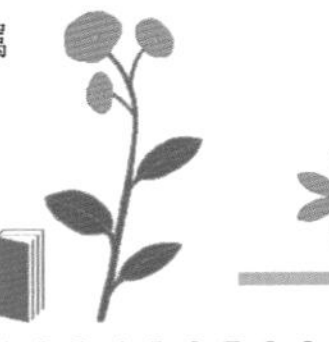

1 2 3 4 5 6 7 8 9 10 11 12

多年生草本。茎较粗①②，密被短柔毛。叶边缘通常粗糙①。总状花序具稠密的花①；花梗无关节④，苞片先端有长芒，边缘有长柔毛；花被窄钟形，淡污紫色④，花被片窄矩圆形，长约1 cm，背部有3条褐色纵脉，在花萎谢时不内卷。球形蒴果表面平滑③。种子三棱形，有较宽的翅。

产于新疆的青河、阜康、沙湾、裕民。生于平原固定沙丘、沙地或干旱荒漠。

花梗无关节；花被片长约1 cm，背部有3条脉，花萎谢时不内卷。种子具宽翅。

帚枝千屈菜　千屈菜科 千屈菜属

Lythrum virgatum

Siberian Swallowwort | zhǒuzhīqiānqūcài

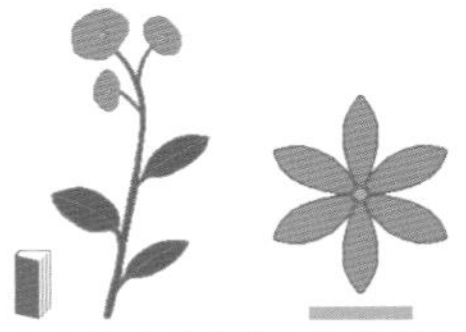

1 2 3 4 5 6 7 8 9 10 11 12

多年生草本。全株淡绿色①，茎上部具4棱，多分枝②。叶对生①，有时上部互生，披针形，长1～8(13) cm，基部楔形。花通常2～3朵组成歧伞花序③；总花梗极短或无；萼筒管状钟形③，有棱12条；花瓣6枚③，紫红色。果圆柱形或长卵形。

产于新疆北疆、河北等省区。生于河谷沙地、丘间低湿地。

植株高50～100 cm，直立，光滑无毛。

鸢尾蒜 居里胡子 石蒜科 鸢尾蒜属

Ixiolirion tataricum

Tartarian Ixiolirion | yuānwěisuàn

1 2 3 4 5 6 7 8 9 10 11 12

多年生草本。鳞茎卵球形，外有褐色的鳞茎皮。叶3～8枚①，簇生于茎的基部，狭线形。花茎春天抽出，下部着生1～3枚较小的叶，顶端由3～6朵花组成的伞形花序①③；花被蓝紫色②③④；雄蕊花丝紫红色②④，丝状；花药基部着生；子房下位④，近棒状，柱头3裂②。蒴果长圆形①。

产于新疆北疆。生于山谷、沙地或荒草地上。

花丝紫红色，丝状。

细叶鸢尾 老牛拽 细叶马蔺 鸢尾科 鸢尾属

Iris tenuifolia

Slenderleaf Iris | xìyèyuānwěi

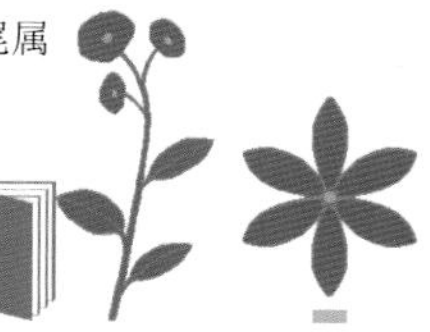

1 2 3 4 5 6 7 8 9 10 11 12

多年生密丛草本。根状茎块状，木质，黑褐色。叶质地坚韧①，丝状或狭条形，扭曲，无明显的中脉。花茎长度随埋沙深度而变化，通常不伸出地面；花蓝紫色①②。蒴果倒卵形④，顶端有短喙，成熟时沿室背自上而下开裂③。

产于我国东北、西北各省区及河北、山西、内蒙古、西藏。生于固定沙丘或沙质地上。

叶卷旋扭曲，细长丝状，无中脉；无茎。

1
2
3
4
1
3
2
4

粗毛甘草 念珠甘草 豆科 甘草属

Glycyrrhiza aspera

Rough-hair Licorice | cūmáogāncǎo

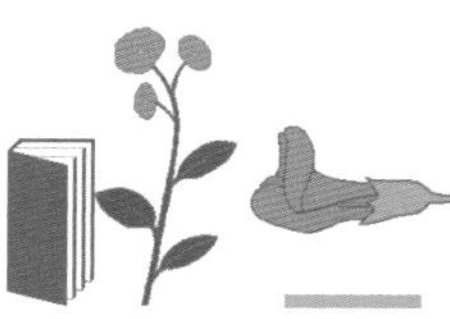

多年生草本；根和根状茎较细瘦，外面淡褐色，内面黄色，具甜味；茎由基部分枝②④，外倾或伏生，被短柔毛和刺毛状腺体；小叶5～9枚，卵形或椭圆形，上面深灰绿色，下面灰绿色；总状花序长于叶②④；花瓣紫色③；荚果念珠状①，缢缩，常弯曲成环状或镰刀状。

产于内蒙古、陕西、甘肃、青海和新疆。生于田边、沟边和荒地。

茎斜生铺散，被短柔毛和刺毛状腺体；上部小叶先端急尖。

甘草 国老 甜草 甜根子 豆科 甘草属

Glycyrrhiza uralensis

Ural Licorice | gāncǎo

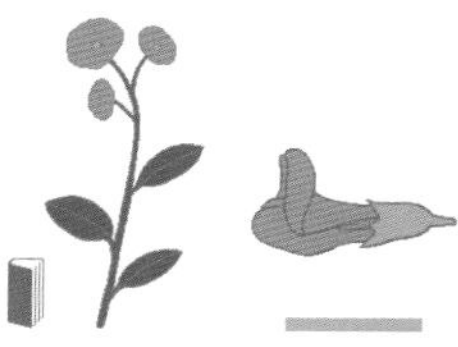

多年生草本。根粗壮，味甜，外部褐色，内部黄色。茎直或稍弯①，被腺毛和刺毛。叶羽状①；小叶5～17枚①，卵形或椭圆形，边缘波皱，两面被白色柔毛及黏胶性腺体。总状花序③；花冠紫色③，带白色。荚果弯曲呈镰刀状或环状②④，密集成球，密生瘤状突起和刺毛状腺体。

产于我国东北、华北、西北各省区及山东。生于干旱沙地、河岸沙质地、山坡草地及盐渍化土壤中。

荚果弯曲呈镰刀状或环状，密集成球，密生瘤状突起和刺毛状腺体。

①
②
③
④
①
②
③
④

胀果甘草　　豆科 甘草属

Glycyrrhiza inflata

Inflate Fruit Licorice | zhàngguǒgāncǎo

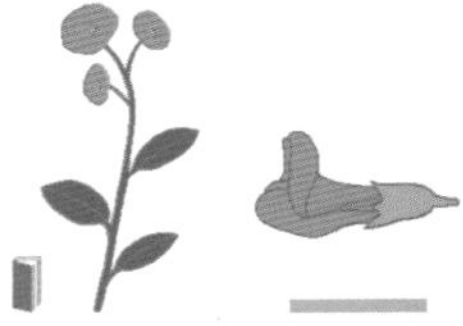

多年生草本。根外皮褐色，里面淡黄色，有甜味。茎多分枝①。叶披针形，早落；小叶3～7(9)枚②，椭圆形，两面被黄褐色腺点，边缘多少波状。总状花序长于叶；花冠紫色或淡紫色③。荚果椭圆形④，二种子间膨胀，被褐色的腺点和刺毛状腺体。

产于内蒙古、甘肃和新疆。生于河岸阶地、水边、农田边或荒地中。

荚果直，明显膨胀。

蒙西黄芪　　豆科 黄芪属

Astragalus steinbergianus

Steinberg Milkvetch | měngxīhuángqí

多年生草本。茎直立或外倾②③，被半开展的白色毛。羽状复叶有9～25片小叶②③，密被白色半伏贴毛；小叶椭圆形，锐尖。总状花序轴缩短，呈头状②③，生3～8朵花；花萼管状，被白色绵毛；花冠淡紫红色②③。荚果膀胱状膨大①④，被白色绵毛，先端有突起的针刺状喙。

产于新疆哈巴河县。生于海拔600 m的荒漠草原。

总花梗显著短于叶；荚果先端近圆形，有突起的针刺状喙(长1～2 mm)。

1
3
2
4
1
2
3
4

苦马豆 泡泡豆 鸦食花 豆科 苦马豆属

Sphaerophysa salsula

Salt Globepea | kǔmǎdòu

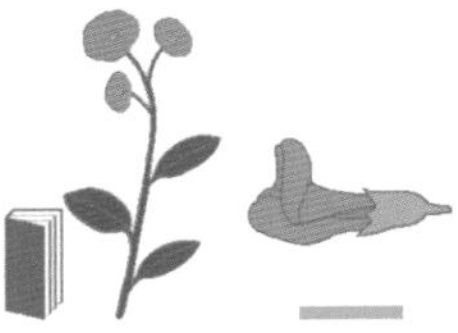

多年生草本；茎直立①③或下部匍匐，枝具纵棱脊；奇数羽状复叶③；托叶线状披针形至钻形；小叶倒卵形，具短尖头；总状花序常较叶长③；花冠初呈鲜红色②，后变紫红色；荚果椭圆形①④，膨胀，果瓣膜质。

产于我国西北各省区及吉林、辽宁、内蒙古、河北、山西。生于山坡、草原、荒地、沟渠旁。

荚果膨胀，果瓣膜质；花冠初呈鲜红色。

细枝岩黄芪 花棒 豆科 岩黄芪属

Hedysarum scoparium

Slenderbranch Sweetvetch | xì zhī yánhuángqí

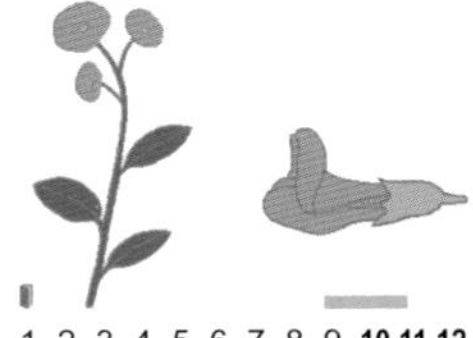

灌木。茎直立①，多分枝，茎皮亮黄色②，呈纤维状剥落。小叶片灰绿色，狭披针形。总状花序腋生，上部明显超出叶①③；花冠紫红色④。荚果2～4节，两侧膨大，具明显细网纹和白色密毡毛。

产于新疆北疆、青海柴达木东部、甘肃河西走廊、内蒙古和宁夏。生于半荒漠的沙丘或沙地、荒漠前山冲沟中的沙地。

茎上部叶轴通常无小叶或仅具1片顶生小叶；荚果具白色密毡毛。

1
2
3
4
1
3
2
4

矮刺苏　　唇形科 矮刺苏属

Chamaesphacos ilicifolius

Hollyleaf Chamaesphacos ｜ ǎicìsū

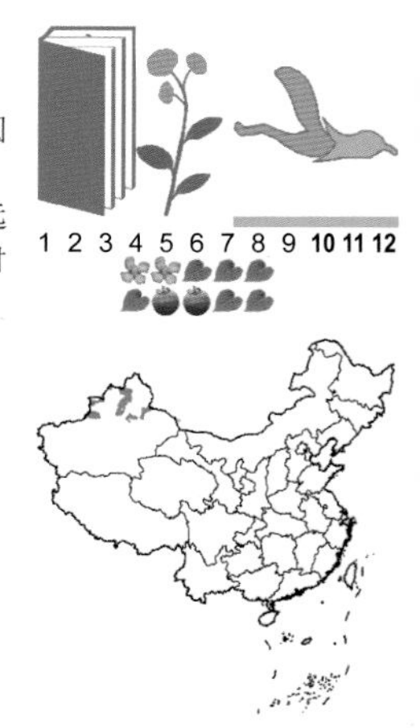

一年生草本，通常自基部分枝①②。叶多长圆形①②③，先端近急尖，基部楔形，边缘具刺齿，两面均无毛。轮伞花序2～6朵花①，位于下部者远离，位于上部者较密集；花萼开花时近管状，果时增大成钟形；花冠紫红色①②③。小坚果长圆形，黑色，在顶端及两侧边缘有膜质的狭翅。

产于新疆准噶尔盆地。生于半固定沙丘上。

叶边缘具刺。

无毛兔唇花　　唇形科 兔唇花属

Lagochilus bungei

Glabrous Lagochilus ｜ wúmáotùchúnhuā

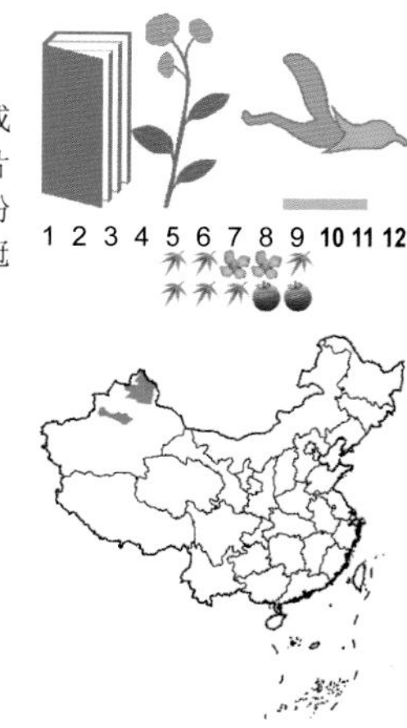

多年生草本。茎4棱，灰白色。叶羽状深裂或顶端3裂②。轮伞花序着生于茎顶端①③④，苞片针形；花萼钟形，无毛，先端有刺状芒尖；花冠粉红色或淡粉红色①，外面被白色长柔毛，里面在冠筒中部以下有毛环。小坚果倒圆锥形，先端截平。

产于新疆阿勒泰地区。生于低山带砾石山坡。

萼筒及苞片均光滑。

1
2
3
1
2
3
4

二刺叶兔唇花 唇形科 兔唇花属

Lagochilus diacanthophyllus

Twospined Lagochilus | èrcìyètùchúnhuā

多年生草本。茎自基部平展分枝②，密具叶，被柔毛。叶片菱形③，宽卵圆形，3裂，小裂片先端圆形，具短刺尖，上部叶多无柄，下部的叶具柄。轮伞花序约具6朵花①④；苞片白色③，锥状渐尖，边缘具稀疏的具节毛茸；花冠淡紫色①④。小坚果顶端具腺点。

产于新疆北疆。生于山麓平原砾石土壤上。

叶片宽卵圆形，3裂，小裂片先端圆形，具短刺尖。

毛节兔唇花 唇形科 兔唇花属

Lagochilus lanatonodus

Hairynode Lagochilus | máojiétùchúnhuā

多年生草本。茎多分枝①，四棱形，被小刚毛。叶楔状菱形，先端3浅裂，裂片再3～5浅裂，革质，上面橄榄绿色，下面较淡，被短柔毛。轮伞花序具2朵花②；苞片针状，无毛；花冠淡红色②，外面被短柔毛，里面在基部有毛环。小坚果倒扁圆锥形，黑褐色，先端截形。

产于新疆北疆。生于干旱山地及石质荒漠草原中。

叶楔状菱形。

1
2
3
4
1
2

芳香新塔花 唇形科 新塔花属

Ziziphora clinopodioides

Fragrant Ziziphora | fāngxiāngxīntǎhuā

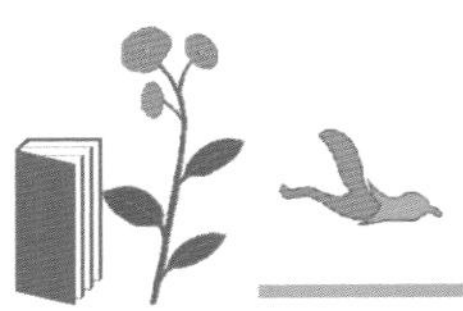

半灌木①，具薄荷香味。茎4棱，紫红色，密生向下弯曲的短柔毛。叶对生③；叶片卵圆形或披针形，背面叶脉明显，具黄色腺点。花序轮伞状，着生在茎及枝条的顶端，集成球状①③④；花萼筒形，外被白色的毛；花冠紫红色②。小坚果卵圆形。

产于新疆阿尔泰山、天山及昆仑山。生于山地草原及砾石质坡地。

半灌木；花萼绿色，外被稀疏的短柔毛。

小新塔花 唇形科 新塔花属

Ziziphora tenuior

Small Ziziphora | xiǎoxīntǎhuā

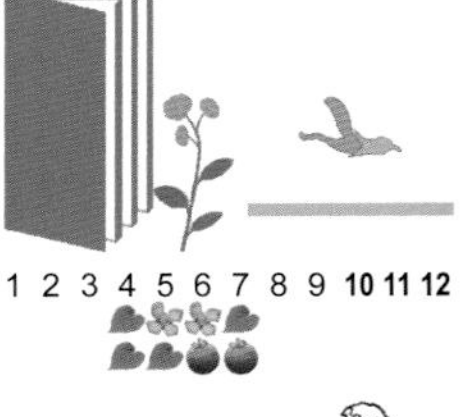

一年生草本。茎纤细①②，被向下弯曲的短柔毛。叶披针形①；苞叶与叶同形①③④，叶及苞叶至结果时全部脱落。轮伞花序腋生①③④，具2~6朵花，排成假穗状花序；花萼近管状④，果时基部膨大成囊状，萼齿靠合；花冠蓝紫红色①③④。小坚果卵圆形。

产于新疆。生于山坡、砾石上或草原及半沙漠地带。

一年生草本；花多腋生，不聚集成头状。

1
3
2
4
1
2
3
4

美丽列当 列当科 列当属

Orobanche amoena

Pretty Broomrape | měilìlièdāng

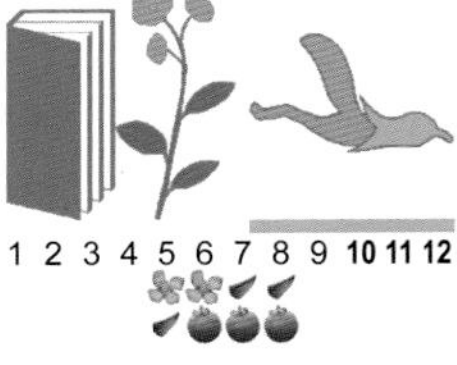

二年生或多年生寄生草本。茎直立①，基部稍增粗。叶卵状披针形，连同苞片、花萼及花冠外面被短腺毛，内面无毛。花序穗状①③，短圆柱形；花冠漏斗状，裂片常为蓝紫色②，筒部黄白色，下唇长于上唇。种子表面具网状纹饰。

产于新疆东北部。生于荒漠沙质山坡，常寄生于蒿属植物根上。

花冠蓝紫色，下唇长于上唇。

方茎草 玄参科 方茎草属

Leptorhabdos parviflora

Littleflower Squarestemwort | fāngjīngcǎo

一年生直立草本，植株多分枝而呈扫帚状①，全体被短腺毛。茎四方形④，下部紫褐色。叶条形，中下部的叶羽状全裂，裂片狭条形，1～6对，上部的叶不裂且较短，逐渐过渡为苞片。花序很长；花冠粉红色②。蒴果矩圆状③，上部边缘有短硬毛。

产于新疆和甘肃安西。生于河湖岸边、洼地、草原。

一年生直立草本；花冠辐射对称。

1
2
3
1
2
3
4

砾玄参 玄参科 玄参属

Scrophularia incisa

Incised Figwort | lìxuánshēn

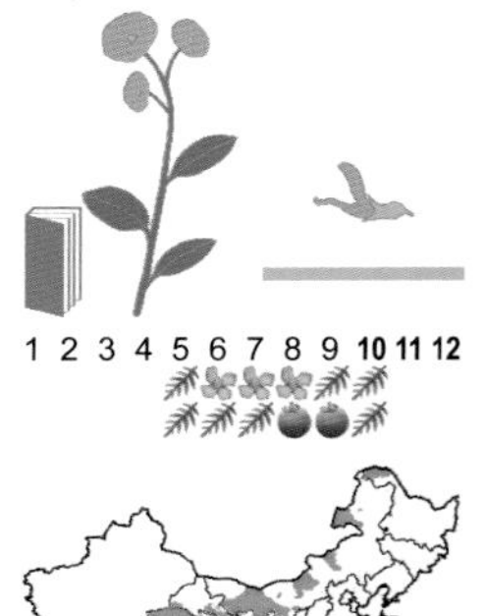

半灌木。茎近圆形。叶片狭矩圆形②，边缘变异很大，从有浅齿至浅裂，稀基部有1～2枚深裂片。具有顶生、稀疏而狭长的圆锥花序①；花冠玫瑰红色至暗紫红色③④，下唇色较浅。蒴果球状卵形④。

产于黑龙江大兴安岭以西、内蒙古、宁夏、甘肃、青海和新疆。生于河滩石砾地、湖边沙地或湿山沟草坡。

叶片边缘有浅齿至浅裂，稀基部有1～2枚深裂片；叶脉不网结。

野胡麻 多德草 玄参科 野胡麻属

Dodartia orientalis

Oriental Dodartia | yěhúmá

多年生直立草本。茎单一或束生，多回分枝，扫帚状②。叶疏生，茎下部的对生③，上部的常互生，宽条形。总状花序顶生，花常3～7朵；花冠紫色或深紫红色④，花冠筒长筒状。蒴果圆球形①，褐色或暗棕褐色，具短尖头。

产于新疆、内蒙古、甘肃和四川。生于多沙的山坡及田野。

花冠上唇(或上面2裂片)不向前弓曲成盔状。

1
2
3
4
1
2
3
4

烟堇　罂粟科 烟堇属

Fumaria schleicheri

Earth Smoke Fumaria | yānjǐn

一年生草本，直立至铺散。茎自基部多分枝①。基生叶少数，叶片多回羽状分裂。总状花序顶生①②，多花密集排列；每花下1枚小苞片，小苞片窄，长三角形，长为花梗的一半或更短；花瓣粉红色或紫红色③；上花瓣背部具鸡冠状突起。小坚果球形而稍扁④，有绕果1周的浅棱。

分布新疆各地。生于田边、路旁或石坡。

苞片长为花梗的一半或1/3；果球形而稍扁，有棱。

紫花柳穿鱼　玄参科 柳穿鱼属

Linaria bungei

Bunge's Toadflax | zǐhuāliǔchuānyú

多年生草本。茎常丛生，有时一部分不育，中上部常多分枝①，无毛。叶互生①，条形，两面无毛。穗状花序数朵花至多花①，果期伸长；花冠紫色②③④，下唇短于上唇，距长10～15 mm。蒴果近球状。种子盘状，边缘有宽翅。

产于新疆西北部。生于草地、多石山坡，海拔500～2000 m。

花冠紫色，距长10～15 mm；叶条形。

锁阳 地毛球 羊锁不拉 锁阳科 锁阳属

Cynomorium songaricum

Songaria Cynomorium | suǒyáng

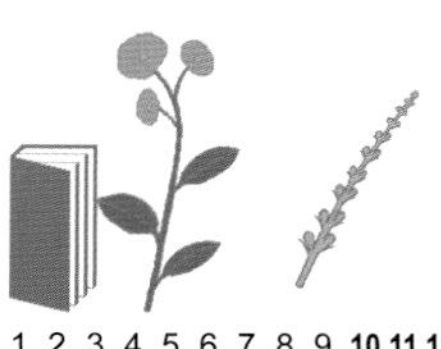

多年生肉质寄生草本，无叶绿素，全株红棕色①。茎圆柱状①③，暗紫红色，直立，直径2～6 cm，基部膨大②④。茎上着生螺旋状排列的鳞片叶①，鳞片叶卵状三角形，先端尖。肉穗花序生于茎顶①③，其上生密集的小花和鳞片叶；有香气；花被片4枚，紫红色①。小坚果近球形。

产于我国西北各省区及内蒙古。生于荒漠地带的河边、湖边、池边的盐碱地。多寄生于白刺属和红砂属等植物的根上。

寄生植物；无叶绿素；暗紫红色肉穗花序。

大翅蓟 菊科 大翅蓟属

Onopordum acanthium

Scotch Cottonthistle | dàchì jì

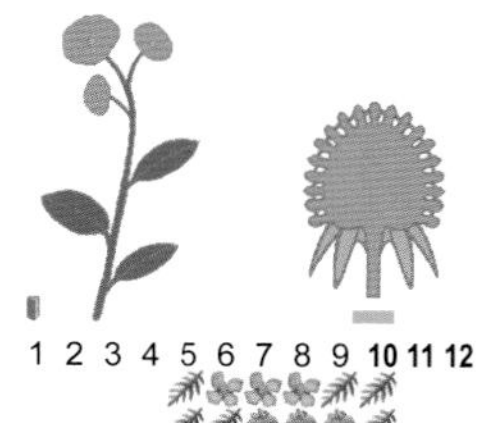

二年生草本。茎直立①②，粗壮，通常分枝，茎和枝具翅①，翅羽状半裂或具三角形刺齿，裂片和齿的顶端具黄褐色的针刺。基生叶及下部茎叶长椭圆形①，中部叶及上部茎叶渐小，无柄；全部叶边缘有黄褐色针刺。总苞片多层③；小花淡紫红色或粉红色③④。瘦果长圆形，有横皱褶。

产于新疆准噶尔盆地。生于山坡、荒地或水沟边。

瘦果为不明显的三棱状。

1
2
3
4
1
2
3
4

顶羽菊 苦蒿 菊科 顶羽菊属

Acroptilon repens

Creeping Acroptilon | dǐngyǔjú

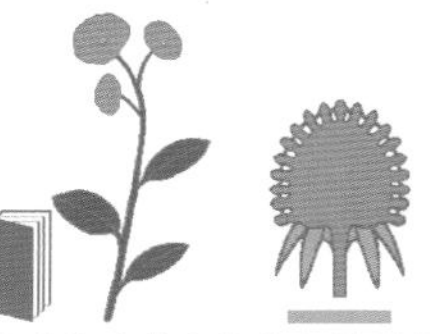

多年生草本。茎单生，或少数茎簇生①②，被稠密的叶。全部茎叶质地稍坚硬，两面灰绿色。头状花序多数在茎枝顶端排成伞房花序①②；全部苞片附属物白色③，透明，两面被稠密的长直毛；小花粉红色或淡紫色③④。瘦果倒长卵形，淡白色。

产于山西、河北、内蒙古、陕西、青海、甘肃和新疆。生于山坡、丘陵、平原、农田、荒地。

总苞片顶端有透明的膜质附属物。

飞廉 垂头飞廉 菊科 飞廉属

Carduus nutans

Musk Bristlethistle | fēilián

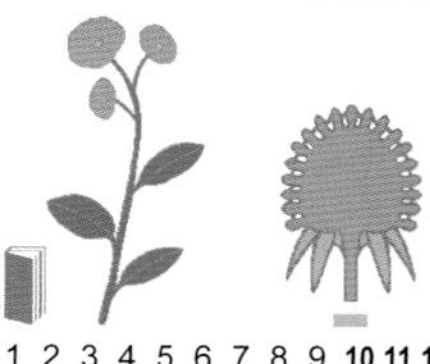

二年生或多年生草本。茎常从生，稀单一①；直立，分枝，有棱槽，被毛；具翅，翅的边缘有针刺。叶两面绿色。头状花序俯垂或下倾①，单生于茎枝顶端，通常4～6个；全部总苞片除内层外②，均在中部或上部膝曲；小花紫红色、粉红色③或白色④。瘦果楔形。

产于新疆准噶尔盆地。生于山地林缘、草甸、砾石山坡、田边等。

总苞钟状，直径4～7 cm，除内层总苞片外，均在中部或上部膝曲。

裂叶风毛菊 菊科 风毛菊属

Saussurea laciniata

Lobedleaf Saussurea | lièyèfēngmáojú

多年生草本。茎直立②，基部有纤维状撕裂的叶柄残迹①。基生叶有叶柄，二回羽状深裂④，侧裂片顶端有软骨质小尖头；中部与上部茎叶线形，无柄；全部叶质地厚。头状花序少数③，单生茎枝顶端排列成伞房状；总苞钟状，顶端绿色；小花紫红色③。瘦果圆柱状。

产于内蒙古、陕西、宁夏、甘肃和新疆。生于荒漠草原及盐碱地上。

叶二回羽状深裂；外层总苞片顶端弯曲，具白色软骨质尖。

盐地风毛菊 菊科 风毛菊属

Saussurea salsa

Saline Saussurea | yándìfēngmáojú

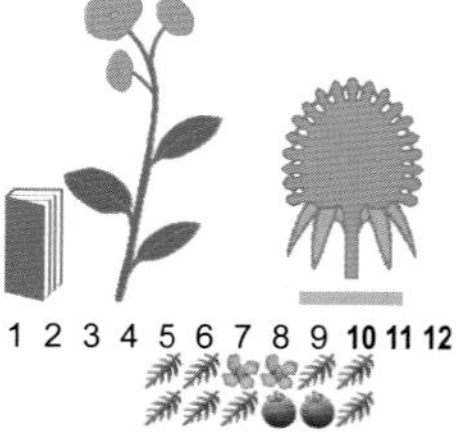

多年生草本，全株灰绿色。茎单生或成丛①，具长短和宽窄不一的翅③。基生叶和茎下部叶较大②，大头羽状全裂或深裂，顶裂片大；茎生叶较小，无柄；全部叶两面灰绿色，肉质。头状花序生于茎枝顶端①，排列成伞房状；全部总苞片上部紫红色；小花粉红色④。

产于内蒙古、甘肃、青海和新疆。生于河岸碱地、湿河滩、盐渍化低湿地、盐化草甸。

基生叶大头羽状全裂或深裂，顶裂片大。

1
3
2
4
1
3
2
4

阿尔泰狗娃花 菊科 狗娃花属

Heteropappus altaicus

Herb of Altai Heteropappus | ā'ěrtàigǒuwáhuā

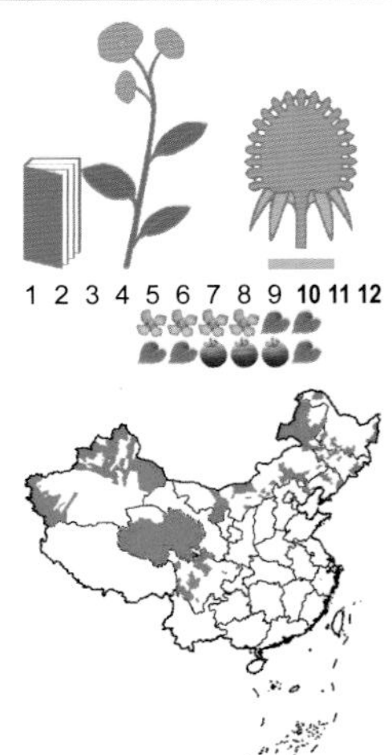

多年生草本。茎直立②，被上曲或有时开展的毛。基部叶在花期枯萎；下部叶条形①；上部叶渐狭小；全部叶两面被毛，常有腺点。头状花序单生或在枝顶排成伞房状①②；总苞半球形①，具膜质边缘；边缘雌花舌状，舌片蓝紫色①②③。瘦果扁，被绢毛；冠毛红褐色或污白色④。

产于新疆、西藏、青海、内蒙古和四川。生于草原、荒漠、沙地及干旱山地。

植株较高大；茎直立；总苞片边缘膜质。

花花柴 胖姑娘 菊科 花花柴属

Karelinia caspica

Caspian Sea Karelinia | huāhuāchái

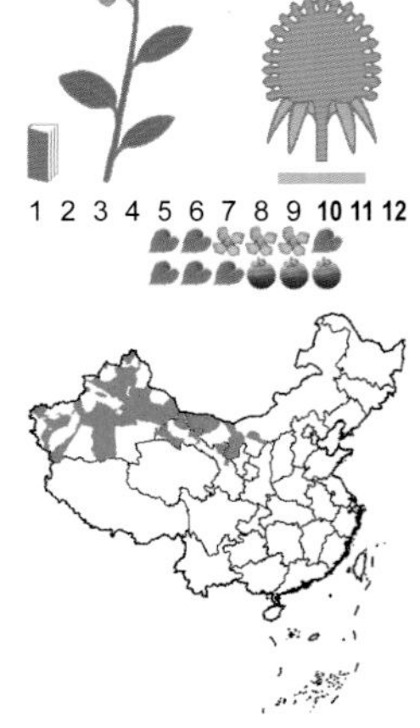

多年生草本。茎粗壮，直立，圆柱形，多分枝①。叶厚②④，几肉质，卵圆形，顶端钝或圆，基部有圆形或戟形小耳，抱茎，全缘。头状花序3～7个生于枝端成伞房状②；总苞片外面被短毛；小花黄色或紫红色②。瘦果圆柱形，有3棱；冠毛白色③，糙毛状。

产于内蒙古、青海、甘肃和新疆等省区。生于荒漠地带的盐生草甸、覆沙或不覆沙的盐渍化低地和农田边。

枝、叶均稍肉质化。

1
2
3
4
1
3
2
4

碱菀　竹叶菊 金盏菜　菊科 碱菀属

Tripolium vulgare

Seastarwort | jiǎnwǎn

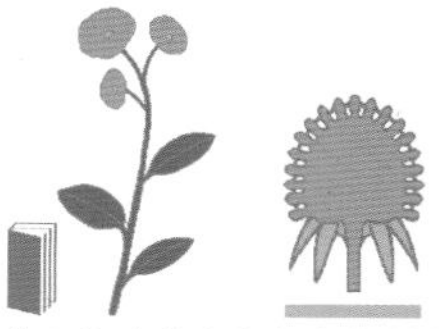

一年生草本。茎单生或数个丛生于根颈上④，上部有分枝。基部叶在花期枯萎④；全部叶肉质。头状花序排成伞房状②，有长花序梗；总苞近管状②，花后钟状，边缘常红色；缘花舌状，舌片蓝色①②；中央两性花筒状，黄色①②。瘦果长圆形；冠毛白色③，丝状，在花后徒长。

产于新疆、内蒙古、甘肃、陕西等省区。生于海岸、湖滨、沼泽及盐碱地。

冠毛在花后强烈增长。

菊苣　菊科 菊苣属

Cichorium intybus

Common Chicory | jújù

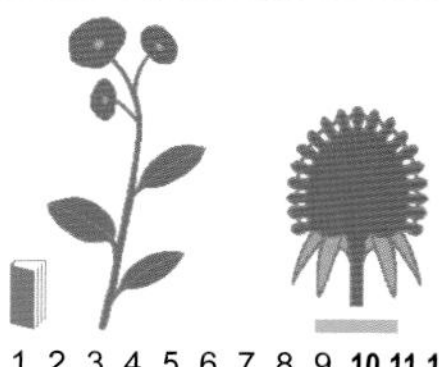

多年生草本。茎单生，绿色，有条棱。基生叶莲座状①②，茎生叶无柄，全部叶质地薄。头状花序集生于茎顶①；总苞片2层，外层披针形，内层线状披针形；舌状小花蓝色③④，有色斑。瘦果柱状倒卵形，光滑，具不显著的5棱；冠毛鳞片状。

产于北京、黑龙江、辽宁、山西、陕西、新疆和江西。生于滨海荒地、河边、水沟边或山坡。

花蓝色；冠毛鳞片状。

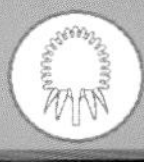

1
3
2
4
1
3
2
4

大蓝刺头 菊科 蓝刺头属

Echinops talassicus

Big Globethistle | dàláncìtóu

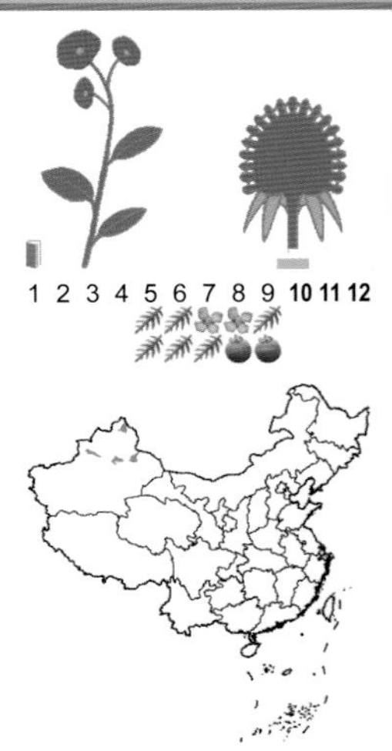

多年生草本①。茎枝有肋棱，沿棱有蛛丝状薄绵毛，棱间有腺点和短糙毛。中下部茎叶倒披针形，羽状深裂或半裂①，有短柄，边缘有长针刺；全部叶质地坚硬，上面绿色③，下面灰白色。复头状花序生茎端①②；全部苞片龙骨状；小花蓝色②。瘦果倒圆锥形。

产于新疆天山。生于中山和低山山坡。

植株高大，高达1.5 m。

白茎蓝刺头 菊科 蓝刺头属

Echinops albicaulis

Whitestem Globethistle | báijīngláncìtóu

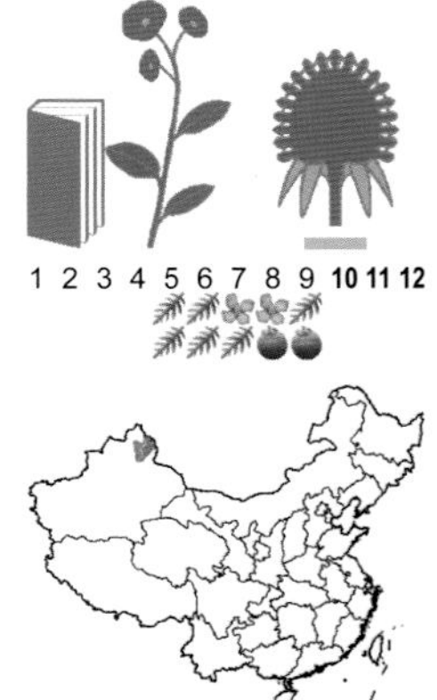

多年生草本。茎直立①②，密被蛛丝状柔毛。叶质地坚硬，上面淡灰绿色，下面白色；基生叶有短柄①②，向上羽状半裂或深裂；茎生叶无柄。复头状花序单生茎端①②④；内层总苞片约2/3联合成筒状；小花白色或淡蓝色③④。瘦果倒圆锥形，密被伏贴的黄褐色长毛。

产于新疆的青河、富蕴。生于荒漠中的沙地和覆沙砾石戈壁。

茎枝密被蛛丝状柔毛呈厚实的白色茸毛状；内层总苞片约2/3联合成筒状。

砂蓝刺头 菊科 蓝刺头属

Echinops gmelinii

Gmelin's Globethistle | shāláncìtóu

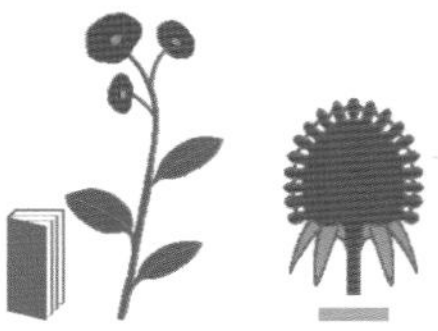

一年生草本。茎单生①，淡黄色，被头状具柄的腺毛。下部茎叶线状披针形①，中上部茎叶渐小；全部叶纸质，两面绿色，多少被蛛丝状柔毛和腺点。复头状花序单生茎顶或枝端①②；小花蓝色或白色③④，花冠筒无腺点。瘦果倒圆锥形，密被伏贴的淡黄棕色长毛。

产于我国东北、西北各省区及内蒙古、山西、河北、河南。生于山坡砾石地、荒漠草原、黄土丘陵或河滩沙地。

一年生草本；茎淡黄色，被头状具柄的腺点或腺毛。

丝毛蓝刺头 矮蓝刺头 菊科 蓝刺头属

Echinops nanus

Dwarf Globethistle | sīmáoláncìtóu

一年生草本，稀二年生。根直深。茎单生，中部有粗壮分枝①②，茎枝白色或灰白色，被密厚的蛛丝状绵毛。下部茎叶倒披针形③，羽状半裂或浅裂，向上叶渐小，边缘有芒刺；全部叶厚纸质，两面灰白色，被蛛丝状绵毛。复头状花序单生茎枝顶端①②④；小花蓝色①④。

产于新疆天山。生于荒漠的沙地、砾石地、前山和低山山坡，海拔1300～3100 m。

茎枝白色或灰白色，密被蛛丝状绵毛；叶两面灰白色，被蛛丝状绵毛。

1
2
3
4
1
3
2
4

肋果蓟　菊科 肋果蓟属

Ancathia igniaria

Common Ancathia | lèiguǒjì

多年生草本。茎通常不分枝①，灰白色，被稠密的茸毛。茎生叶线形或披针状线形①②，反卷，有黄白色针刺，上面绿色，下面灰白色；全部叶质地坚硬③，革质。头状花序常单生茎顶①②；总苞钟状①②，有蛛丝毛；小花紫色或淡红色。瘦果长椭圆形，棕黑色；冠毛淡白色④。

产于新疆天山和阿尔泰山。生于干旱石质荒滩、山坡等，海拔1100～1410 m。

叶线形或披针状线形，反卷，有黄白色针刺。

绥定苓菊　菊科 苓菊属

Jurinea suidunensis

Suidun Jurinea | suídìnglíngjú

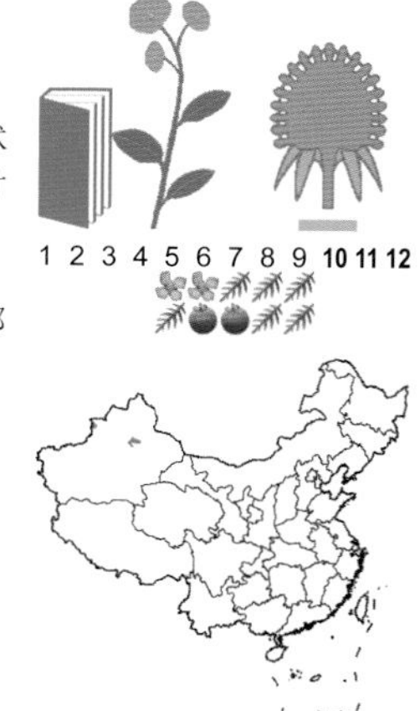

多年生草本。茎直立①，有分枝。基生叶羽状浅裂或羽状深裂②，有叶柄；茎生叶无柄；全部叶两面灰绿色或灰白色。头状花序单生枝端①③④；总苞碗状④，中外层苞片顶端针刺状，向外反折，内层苞片直立，紧贴；小花紫红色③④。瘦果上部有刺瘤；冠毛不脱落。

产于新疆霍城。生于沙丘、沙地。

茎分枝；叶两面灰绿色或灰白色。

1
2
3
4
1
3
2
4

新疆麻花头 菊科 麻花头属

Serratula rugosa

Winkled Sawwort | xīnjiāngmáhuātóu

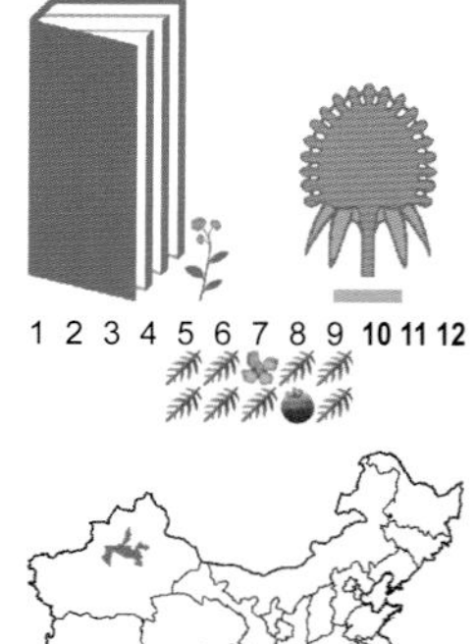

多年生草本。植株无茎或几无茎①。全部叶莲座状①，长椭圆形，羽状深裂①，侧裂片4～5对，全缘或有稀疏的小齿；叶两面均被毛。头状花序通常单生莲座状叶丛中，花梗极短①；外层与中层苞片卵形，上部边缘黑褐色，内层苞片披针形，上部淡黄色；全部小花紫色①。

产于新疆天山。生于山坡碎石堆，海拔2100～3400 m。

植株无茎或几无茎；叶羽状深裂，侧裂片4～5对，全缘或有稀疏的小齿。

毛头牛蒡 茸毛牛蒡 菊科 牛蒡属

Arctium tomentosum

Cottony Burdock | máotóuniúbàng

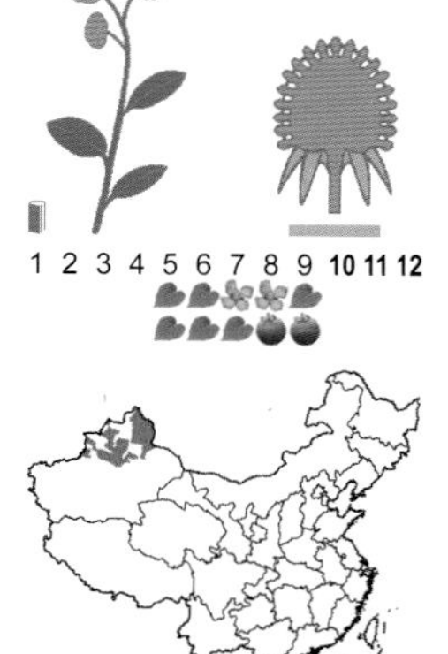

二年生草本。茎直立①，分枝粗壮。叶有柄①，卵形，基部心形或宽心形，上面绿色，下面灰白色。头状花序在茎端排成伞房花序①；总苞灰白色或灰绿色②③④，多少密被蛛丝状柔毛；外层和中层总苞片顶端有倒钩刺③，内层总苞片顶端有短尖头，无钩刺；小花紫红色②③。

产于新疆天山低山带。生于山坡、草地、林下、湿地、荒地等。

头状花序灰白色或灰绿色，密被蛛丝状柔毛。

1
1
2
3
4

牛蒡 恶实 大力子 菊科 牛蒡属

Arctium lappa

Great Burdock | niúbàng

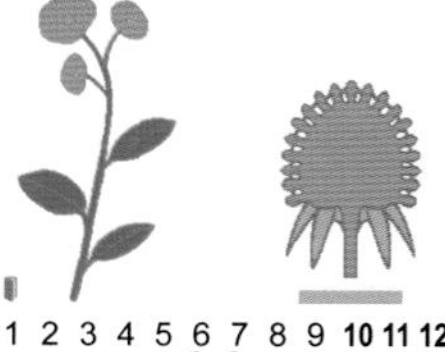

二年生草本。茎直立①，粗壮，通常紫红色。基生叶宽卵形②，基部心形，上面绿色，下面灰白色。头状花序在茎端排成疏松的伞房花序③；总苞卵球形或球形③，绿色，无毛；总苞片多层，顶端有软骨质钩刺④；小花紫红色③。瘦果两侧扁平，浅褐色。

分布全国各地。生于山坡、林缘、灌丛、河边、路旁或荒地。

头状花序绿色或黄绿色，无毛。

小花矢车菊 菊科 矢车菊属

Centaurea squarrosa

Smallflower Centaurea | xiǎohuāshǐchējú

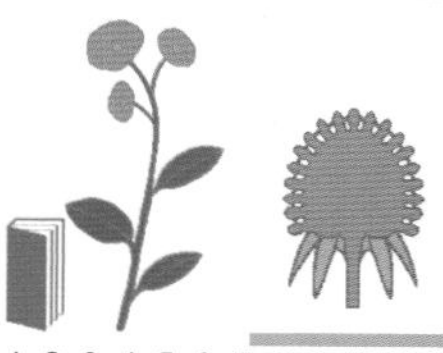

多年生草本。少数茎簇生②，茎枝灰绿色。基生叶及下部茎叶二回羽状全裂①，上部茎叶不裂。头状花序多数④；总苞卵形③，直径2.5～3.5 mm；外层与中层苞片顶端附属物针刺化③，向外弧形反曲，边缘栉齿状针刺3～5对；内层苞片顶端附属物膜质；小花淡紫色或粉红色③。

产于新疆天山和准噶尔阿拉套山。生于砾石山坡、戈壁、荒地、河边，海拔540～1500 m。

头状花序小；总苞直径2.5～3.5 mm。

1
3
2
4
1
2
3
4

针刺矢车菊　菊科 矢车菊属

Centaurea iberica

Russian Centaurea | zhēncìshǐchējú

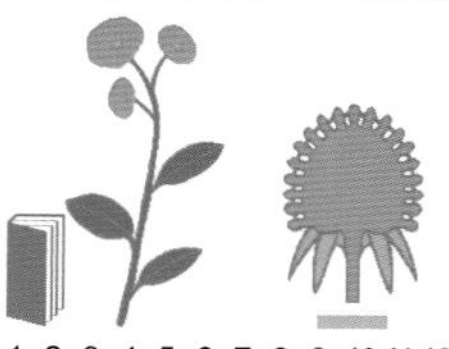

二年生草本。全部茎枝灰绿色，被稀疏的多细胞节毛。全部叶两面绿色①。头状花序单生于茎枝顶端①；总苞卵形或卵球形②，直径1～1.8 cm；外层与中层苞片边缘膜质，顶端附属物成针刺，淡黄色；内层苞片顶端附属物白色膜质；小花红色或紫色③④。

产于新疆天山和准噶尔阿拉套山。生于山坡、荒地、河渠岸边，海拔500～1200 m。

头状花序大；总苞直径1～1.8 cm。

飘带莴苣　飘带果　菊科 莴苣属

Lactuca undulata

Undulate Lettuce | piāodàiwōjù

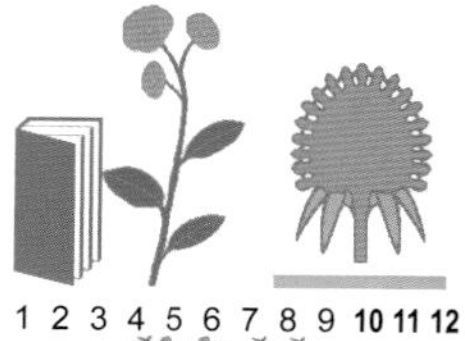

一年生草本。茎自基部或上部分枝①②。基生叶莲座状①②，带蓝紫色；下部和中部茎生叶羽状裂，基部抱茎。总苞圆柱形③，先端具紫色斑点；花冠紫红色或淡蓝色。瘦果喙白色④，细长，长度为瘦果的3～5倍。

产于新疆北疆。生于石质低山、山前平原、沙丘间低地和荒地。

果喙细长，长度为瘦果的3～5倍。

1
2
3
4
1
3
2
4

柱毛独行菜 柱腺独行菜 鸡积菜 十字花科 独行菜属

Lepidium ruderale

Wasteplace Pepperweed | zhùmáodúxíngcài

一年生或二年生草本。茎直立或斜升，多分枝②，具短柱状毛。基生叶二回羽状分裂，正面无毛，背面和边缘有柱状毛；茎生叶一回或二回羽状分裂③，有的近全缘。花序花时近头状，果时伸长成总状①④；萼片窄披针形，外面无毛；无花瓣。短角果卵圆形①④，有不明显翅。

产于我国东北、西北各省区及山东、河南、湖北。生于沙地或草地。

植株具短柱状毛；基生叶二回羽状分裂。

簇花芹 伞形科 簇花芹属

Soranthus meyeri

Meyer's Soranthus | cùhuāqín

多年生草本，全株呈灰蓝色①，无毛。直根，根颈密被枯叶纤维。茎直立①，单一，圆形，具细棱，从上部分枝，下部枝互生或对生，上部枝轮生。叶片三出三回羽状全裂④，末回裂片线形。复伞形花序生于茎枝顶端①②，有时成球形；花瓣淡绿色③，宽卵形。分生果为椭圆形，背腹扁平。

产于新疆古尔班通古特沙漠。生于沙丘和河滩地。

花近无柄，组成近头状的小伞形花序。

1
2
3
4
1
2
3
4

矮大黄 沙地大黄 蓼科 大黄属

Rheum nanum

Dwarf Rhubarb | ǎidàhuáng

多年生草本。茎直立①②，无叶。基生叶2～4片①②，革质，肾状圆形③，叶脉掌状，叶上面黄绿色，下面色较浅。花序由根状茎顶端生出②，自近中部分枝，形成圆锥花序；花成簇密生；花被片近肉质，黄白色，常具紫红色渲染。果实肾状圆形①④，翅宽，淡红色。

产于甘肃、内蒙古和新疆。生于山坡、山沟或沙砾地。

茎无叶；花序分枝；果实具宽翅，淡红色。

长刺酸模 刺酸模 蓼科 酸模属

Rumex maritimus

Thorn Dock | chángcì suānmó

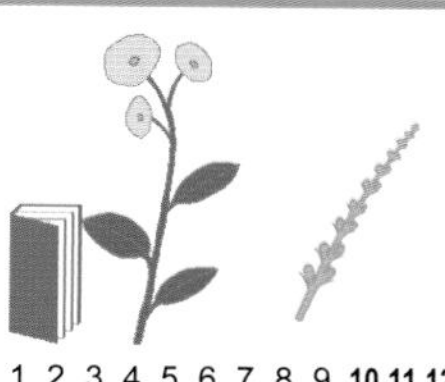

一年生草本。茎直立，自中下部分枝①。茎下部叶披针形或披针状椭圆形①。花在枝上成总状花序，全株成圆锥花序；外轮花被片窄小，内轮花被片果期增大，卵状三角形，沿缘每侧具2～5枚刺毛状的齿②，刺齿长超过花被片的宽度，每片都具1个长圆形的大瘤②。瘦果三棱形。

产于我国东北、华北、陕西北部及新疆。生于河边湿地、田边路旁，海拔40～1800 m。

花被片全部具1个长圆形的大瘤。

1
3
2
4
1
2

麻叶荨麻 火麻 哈拉海 荨麻科 荨麻属

Urtica cannabina

Hempleaf Nettle | máyèqiánmá

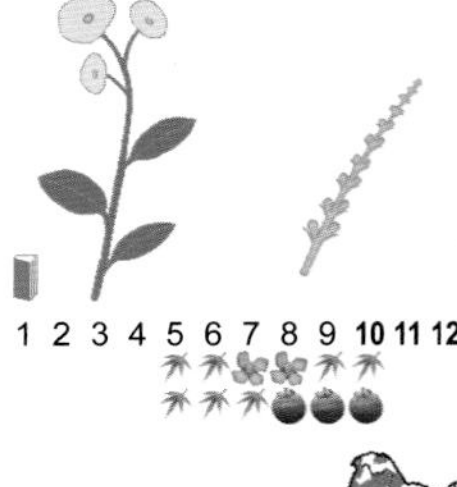

多年生草本。茎直立①，四棱形，通常不分枝，被短伏毛和稀疏的螫毛。叶交互对生，掌状3～5全裂或深裂③，再羽状分裂成小裂片，表面深绿色，被短伏毛或近无毛，背面淡绿色，被短伏毛和螫毛。雌雄同株或异株。瘦果椭圆状卵形②④。

产于我国东北及新疆、甘肃、陕西、山西、河北、内蒙古、四川。生于海拔800～2800 m丘陵性草原、河漫滩、河谷、溪旁等处。

叶掌状3～5全裂或深裂，再羽状分裂成小裂片。

海韭菜 水麦冬科 水麦冬属

Triglochin maritimum

Shore Podgrass | hǎijiǔcài

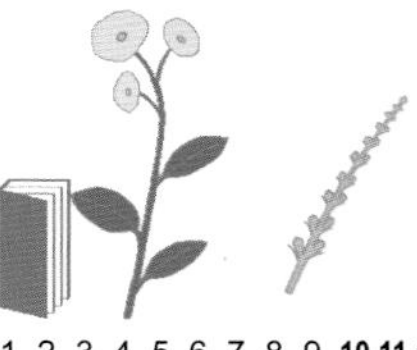

多年生草本；叶全部基生，条形，基部具鞘，鞘缘膜质；花莛细长①，直立，圆柱形光滑②；顶生总状花序①，密生多数小花，花后常稍延长；花被片6枚；雌蕊由6枚合生心皮组成；蒴果卵圆形③④，具6棱，成熟后6瓣开裂。

产于我国东北、华北、西北、西南各省区。生于湿沙地或海边盐滩上。

蒴果卵圆形，成熟后6瓣开裂；总状花序较紧密。

水麦冬 水麦冬科 水麦冬属

Triglochin palustre

Arrow Podgrass | shuǐmàidōng

多年生草本；叶全部基生①，条形，先端钝，基部具鞘，两侧鞘缘膜质；花莛细长①，直立，圆柱形，无毛；总状花序①，花排列较疏散，无苞片；花被片6枚②，椭圆形或舟形，雌蕊由3个合生心皮组成；蒴果棒状条形④，成熟时3瓣开裂③。

产于我国东北、华北、西北和西南各省区。生于咸湿地或浅水处。

蒴果棒状条形，成熟时3瓣开裂；总状花序较疏散。

反枝苋 西风谷 苋科 苋属

Amaranthus retroflexus

Redroot Amaranth | fǎnzhīxiàn

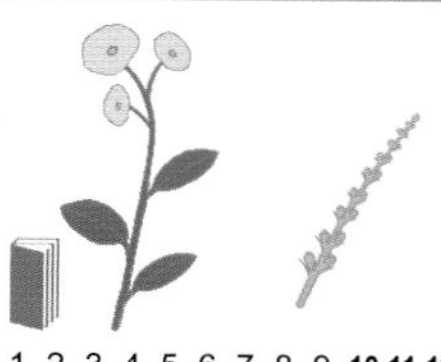

一年生草本。茎直立①，粗壮，淡绿色；稍具钝棱，密生短柔毛。叶片菱状卵形或椭圆状卵形①，顶端锐尖或尖凹，有小凸尖，基部楔形，全缘或波状缘，两面及边缘有柔毛。圆锥花序顶生及腋生②③④。胞果扁卵形，环状横裂。种子近球形，棕色或黑色，边缘钝。

产于我国东北、西北各省区及内蒙古、河北、山东、山西、河南。生于田园内、农庄旁、人家附近的草地上等。

植株密生短柔毛。

1
2
3
4
1
2
3
4

苍耳 粘头婆 苍耳子 菊科 苍耳属

Xanthium sibiricum

Siberian Cocklebur | cāng'ěr

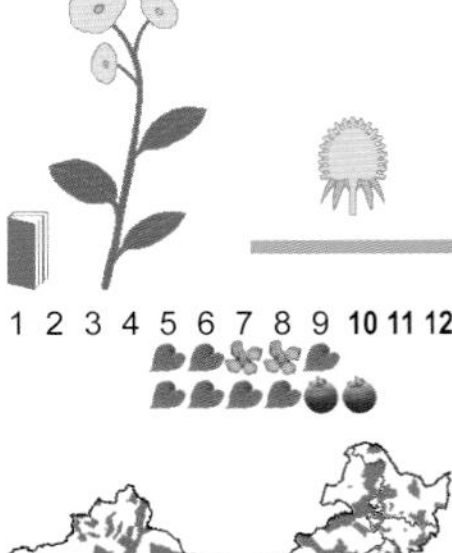

一年生草本。茎直立①。叶三角状卵形或心形③，常3～5浅裂，边缘有粗锯齿，上面绿色，下面苍白色。雄头状花序球形；雌头状花序椭圆状，外层总苞片小，内层总苞片结合成囊状②④，椭圆形，果熟时变硬，连喙长12～15 mm，宽4～7 mm，喙坚硬，锥形，外面有带钩的刺，刺细而长。

产于我国东北、华北、华东、华南、西北及西南各省区。生于平原、丘陵、低山、荒野路边、田边。

果(总苞)刺细，长1～1.5 mm，基部不增粗。

蒙古苍耳 菊科 苍耳属

Xanthium mongolicum

Mongollian Cocklebur | měnggǔcāng'ěr

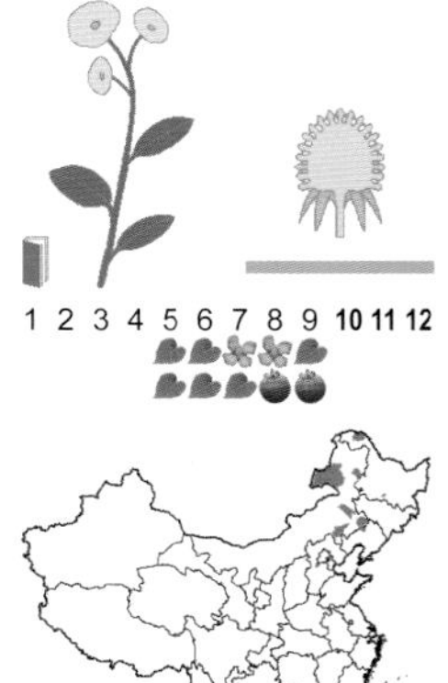

一年生草本。茎直立①。叶互生①，具长柄，叶三角状卵形或心形③，上面绿色，下面苍白色。具瘦果的总苞成熟时变坚硬①②④，椭圆形，连喙长18～20 mm，宽8～10 mm，顶端具1或2个锥状的喙，喙直而粗，锐尖，外面具较疏的总苞刺，刺长2～5.5 mm，基部增粗，顶端具细倒钩。瘦果2个。

产于黑龙江、辽宁、内蒙古、河北及新疆。生于干旱山坡或沙质荒地。

果(总苞)刺坚硬，长2～5.5 mm（通常5 mm），基部增粗。

1
2
3
4
1
3
2
4

冷蒿　白蒿 小白蒿　菊科 蒿属

Artemisia frigida

Fringed Sagebrush | lěnghāo

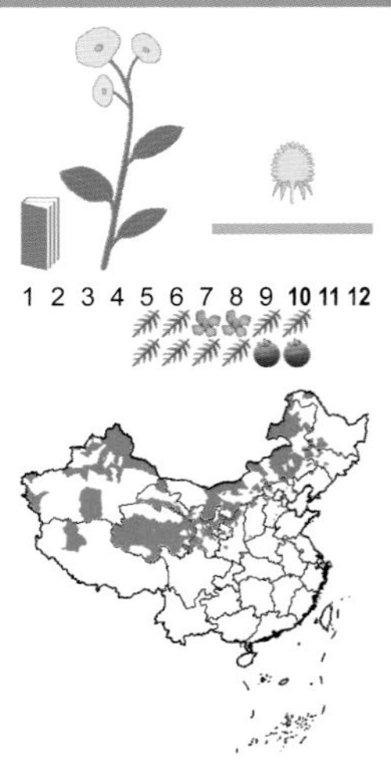

多年生草本；植株密被灰白色短茸毛，且有多条营养枝。茎直立，与营养枝组成疏松的小丛①，上部多分枝。茎下部叶长圆形，二到三回羽状全裂；中部叶长圆形，长0.5～0.7 cm，宽约0.5 cm，一到二回羽状全裂；上部叶与苞叶羽状全裂或3全裂。头状花序近球形①，在茎上排成总状花序。

产于我国西北、东北各省区及西藏、河北、山西、内蒙古。生于森林草原、荒漠草原及固定沙丘、戈壁。

中部叶长圆形，长、宽均0.5～0.7 cm，一到二回羽状全裂。

龙蒿　狭叶青蒿 椒蒿　菊科 蒿属

Artemisia dracunculus

Tarragon | lónghāo

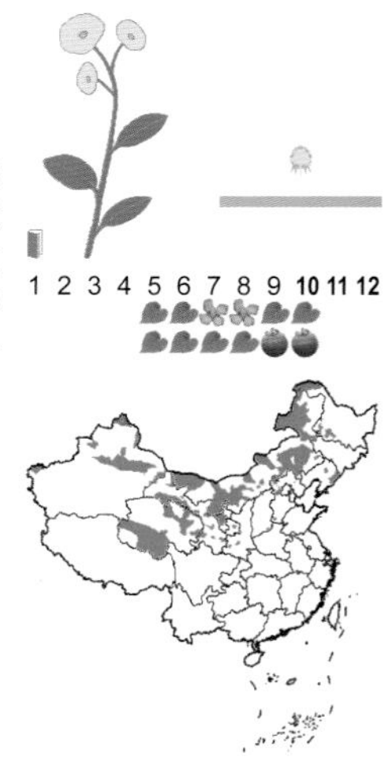

半灌木状草本。茎通常多数①。叶无柄，下部叶花期凋谢，中部叶线状披针形③④，上部叶与苞片叶略短小。头状花序多数②，近球形，枝上排成复总状花序，茎上组成开展或略狭窄的圆锥状①④；总苞片3层，外层总苞片背面绿色，中、内层总苞片卵圆形，边缘宽膜质或全膜质。

产于我国东北、西北各省区及河北、山西、内蒙古。生于山坡、草原、田边及亚高山草甸。

叶线状披针形。

1
1
2
3
4

小蓬草 加拿大飞蓬 菊科 白酒草属

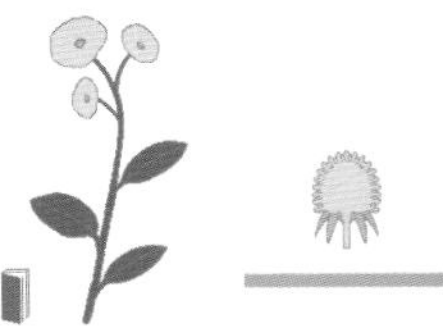

Conyza canadensis

Horseweed | xiǎopéngcǎo

一年生草本。茎直立①，上部多分枝。叶密集，基生叶莲座状，中部和上部叶较小①，线状披针形。头状花序小，在枝顶排列成多分枝的圆锥状①④；总苞近圆柱形，淡黄绿色；缘花雌性，舌状，白色③；中央两性花筒状，黄色③。瘦果长圆状披针形②。冠毛白色②，1层，毛状。

分布全国各地。生于旷野、荒地、田边、路旁。

雌花通常多层，冠毛毛状。

小车前 条叶车前 车前科 车前属

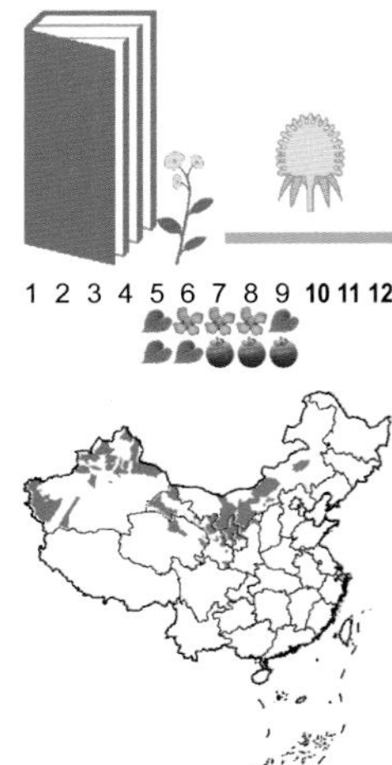

Plantago minuta

Little Plantain | xiǎochēqián

一年生小草本，全株密被长柔毛。主根圆柱形细长，黑褐色。叶基生呈莲座状②③，平卧或斜展；叶条形②③，先端渐尖。穗状花序卵形，近头状①④，花密生，苞片宽卵形或三角形，无毛，先端尖；花萼卵形或椭圆形，无毛；花冠裂片狭卵形，全缘。蒴果卵形，果皮膜质；种子2粒，呈船形。

产于我国西北各省区及山西、内蒙古、西藏。生于戈壁滩、沙地、河滩、沼泽地、盐碱地、田边，海拔400～4300 m。

主根圆柱形；叶条形；穗状花序紧密；花冠裂片全缘。

1
2
3
4
1
2
3
4

地锦 地锦草 铺地锦 大戟科 大戟属

Euphorbia humifusa

Humifuse Euphoubia | dì jǐn

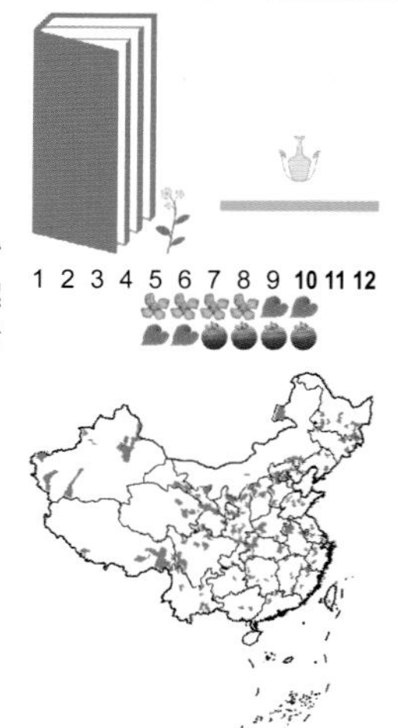

一年生草本，植株灰绿色，秋季变为浅红色。茎匍匐①③，自基部以上多分枝，基部常淡红色。叶对生①③，椭圆形，先端钝圆；叶面绿色，叶背淡绿色。杯状聚伞花序单生于叶腋②④，总苞陀螺状，边缘4裂；腺体4个，矩圆形，具白色花瓣状附属物②④。蒴果三棱状卵球形②。

除海南外，全国各地均产。生于荒地、路旁、田间、沙丘、海滩、山坡等地。

植株灰绿色，秋季变为浅红色。

土大戟 矮生大戟 大戟科 大戟属

Euphorbia turczaninowii

Dwarf Euplorbia | tǔdà jǐ

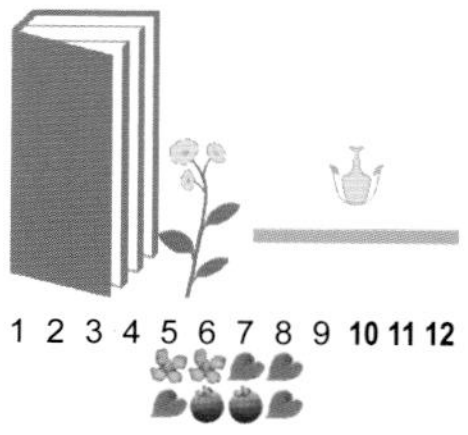

一年生草本，全株光滑无毛。根纤细，单一不分枝。茎自基部二歧分枝①②。叶对生③，长卵形，节间极短。花序单生于二歧分枝顶端④；总苞杯状，黄白色；腺体4个，半月形。蒴果圆卵状④，略具3棱。种子矩圆形，有6棱，具皱纹，无种阜。

产于新疆古尔班通古特沙漠。生于流动沙丘、半固定沙丘、梭梭林灌丛及河岸沙地。

叶长卵形，长1～1.5 cm，宽2～6 mm；种子无种阜。

1
3
2
4
1
3
2
4

准噶尔大戟 大戟科 大戟属

Euphorbia soongarica

Sungari Euphorbia | zhǔngá'ěrdàjǐ

多年生草本。根较粗，多头。茎丛生①，直立，上部具花序梗，下部具不育枝。叶互生①②，倒披针形或披针形，先端渐尖或锐尖，基部楔形，上部边缘具细齿；苞叶数片，轮生。杯状聚伞花序顶生④；腺体5个④，淡褐色；花柱3枚。蒴果卵形②③，有3条浅沟，表面具疣点。

产于新疆及甘肃西部。生于荒漠河谷、盐化草甸及田边路旁。

植株高大，高50～100 cm；叶披针形，基部楔形。

野榆钱菠菜 野榆钱滨藜 藜科 滨藜属

Atriplex aucheri

Aucher Saltbush | yěyúqiánbōcài

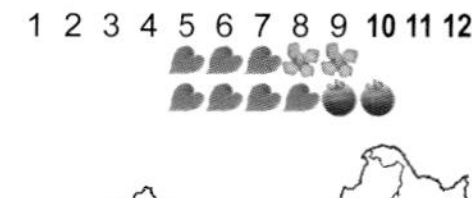

一年生草本，常被粉。茎直立①，圆柱形，有绿色条纹。叶片长三角形④，边缘具大缺裂齿，上面深绿色，下面有密粉呈灰白色。圆锥花序顶生；苞片果时宽卵形②③，先端圆或微凹，表面有突起的网状脉纹。种子二型：扁球形(②黑色③黑色)和扁平圆形。

产于新疆准噶尔盆地。生于平原荒漠、荒地及干山沟。

植株有密粉；苞片果时先端圆或微凹。

1
2
3
4
1
2
3
4

叉毛蓬 藜科 叉毛蓬属

Petrosimonia sibirica

Siberiar Petrosimonia | chāmáopéng

1 2 3 4 5 6 7 8 9 10 11 12

一年生草本，有密柔毛。茎通常分枝①②；枝对生④，直立或斜伸。叶对生③，无柄，条形，半圆柱状，微弯或弯成镰状，先端渐尖，基部稍扩展。花被片5枚；雄蕊5枚，伸出花被外；花药紫红色或橘红色，花药附属物顶端具2个齿。胞果宽卵形，淡黄色。种子直立。

产于新疆准噶尔盆地。生于戈壁、盐碱土荒漠、干山坡等处。

枝及叶全部对生；花被片5枚。

中亚滨藜 藜科 滨藜属

Atriplex centralasiatica

Central Asia Saltbush | zhōngyàbīnlí

1 2 3 4 5 6 7 8 9 10 11 12

一年生草本。枝钝四棱形，黄绿色。叶片卵状三角形①②，边缘通常有缺裂状疏锯齿，上面灰绿色，下面灰白色。花集成腋生团伞花序③；雄花花被片5枚，雄蕊5枚；雌花具2枚苞片；苞片菱形至半圆形②④，表面具多数疣状附属物(少数无)。胞果扁平。种子直立。

产于我国西北各省区及吉林、辽宁、河北、山西、西藏。生于戈壁、荒地、海滨、盐土荒漠及田间。

苞片果时菱形至半圆形，表面具多数疣状附属物(少数无)。

1
3
2
4
1
3
2
4

伊朗地肤　藜科 地肤属

Kochia iranica

Iranian Summer-Cypress | yīlǎngdìfū

一年生草本，全株被密柔毛而呈灰白色。茎直立，通常分枝极多①，枝开展，淡黄白色带红色，纤细，较硬而直。叶为平面叶④，无柄。花两性，通常2～3朵团集于叶腋；花被的翅状附属物菱形至扇形②③，膜质，具脉纹，前部边缘啮蚀状。胞果卵形。种子暗褐色。

产于新疆的玛纳斯、沙湾以及甘肃西部。生于戈壁滩。

植株密被白色柔毛；枝开展，较硬而直；下部叶长小于2 cm。

倒披针叶虫实　藜科 虫实属

Corispermum lehmannianum

Oblanceolate Tickseed | dàopīzhēnyèchóngshí

一年生草本。茎直立①②，多分枝。叶倒披针形①②，1条脉。穗状花序顶生和侧生④，长5～10 cm。果实广椭圆形③，长2～3 mm，宽1.5～2 mm，顶端圆形，背部突起中央压扁，腹面扁平；果喙粗短；果翅明显③，不透明，边缘具不规则细齿。

产于新疆北疆，南疆尉犁、库车、阿克苏亦产。生于沙丘，沙地或沙质田边。

叶倒披针形；果翅较宽，不透明，与果同色。

1
3
2
4
1
3
2
4

刺毛碱蓬 藜科 碱蓬属

Suaeda acuminata

Spinyhair Seepweed | cìmáojiǎnpéng

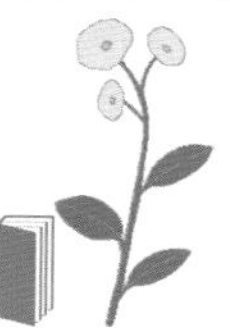

一年生草本；茎直立②，通常多分枝；枝灰绿色，有时带淡红色；叶条形①④，半圆柱状，先端钝并具刺毛①④；刺毛淡黄色，易脱落；团伞花序腋生①③，两性花花被裂片的背面具纵隆脊；种子(①黑色③黑色)横生、直立或斜生，平滑，有光泽。

产于新疆北疆。生于盐碱土荒漠、山坡、沙丘等处。

叶先端具易脱落的刺毛。

对节刺 藜科 对节刺属

Horaninowia ulicina

Common Horaninowia | duìjiécì

一年生草本，植株通常黄绿色①。茎纤细②④；多分枝，分枝对生③④。叶对生③④，针刺状，并具膜质边缘，无柄。花两性，通常多数集成腋生球形团伞花序③；苞片与叶同形；花被片5枚，膜质，果时背部具横翅；雄蕊5枚，不伸出花被外。胞果淡黄色。种子横生。

产于新疆古尔班通古特沙漠。多生于沙丘上。

枝、叶均对生；枝无关节。

1
2
3
4
1
3
2
4

刺藜 刺穗藜 针尖藜 藜科 藜属

Chenopodium aristatum

Aristate Goosefoot | cìlí

一年生草本，植株常呈圆锥形，秋后常带紫红色①③。茎直立，具色条，有多数分枝。叶条形至狭披针形①，全缘，先端渐尖，基部收缩成短柄，中脉黄白色。复二歧式聚伞花序生于枝端及叶腋，最末端的分枝针刺状②④；花被裂片5枚。胞果圆形。种子横生。

产于我国东北、西北各省区及内蒙古、河北、山东、山西、河南、四川。生于田间、山坡、荒地等处。

复二歧式聚伞花序，花序分枝末端针刺状。

角果藜 藜科 角果藜属

Ceratocarpus arenarius

Sandy-loving Ceratocarpus | jiǎoguǒlí

一年生草本，全体密被星状毛，后期毛部分脱落。茎直立，由基部分枝①②③，分枝多呈二歧式。叶互生，无柄，条状披针形至针刺状，中脉明显。花单性，雌雄同株；通常2～3朵着生于总梗上。胞果楔形，扁平，密被星状毛，两角之针刺劲直或略弯④。

产于新疆准噶尔盆地。生于沙漠、戈壁、沙地、荒地及田边路旁。

叶先端针刺状；果顶端两侧各具一针状附属物。

1
3
2
4
1
3
2
4

尖头叶藜 绿珠藜 藜科 藜属

Chenopodium acuminatum

Acuminate Goosefoot | jiāntóuyèlí

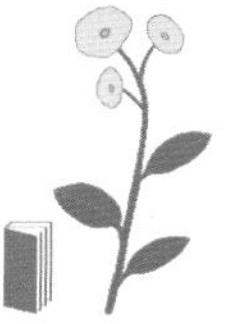

一年生草本。茎直立①，具条棱，多分枝。叶片宽卵形至卵形①，先端有短尖头②，上面浅绿色，下面灰白色，全缘并具半透明的环边。花两性，团伞花序排列于枝上部①③；花被5深裂，果时背部常增厚并合成五角星形；雄蕊5枚。胞果圆形。种子横生。

产于我国东北、西北各省区及内蒙古、河北、山东、浙江、河南、山西。生于荒地、河岸、田边。

叶先端有短尖头，边缘具半透明的环边。

灰绿藜 藜科 藜属

Chenopodium glaucum

Oakleaf Goosefoot | huīlùlí

一年生草本，具粉。茎多分枝①。枝外倾或平展，具条棱，有绿色或紫红色条纹④。叶片矩圆状卵形至披针形③，边缘具缺刻状牙齿，上面无粉，深绿色，平滑，下面有粉而呈灰白色。花常数朵聚集成团伞花序②，顶生或腋生；花被片3或4枚。胞果果皮黄白色。种子扁球形。

除台湾、福建、江西、广东、广西、贵州、云南外，我国其他各省区均产。生于农田、村房、水边等有轻度盐碱的土壤上。

叶片矩圆状卵形至披针形，上面无粉，深绿色，下面有粉而呈灰白色。

①
2
③
①
③
②
④

球花藜　藜科 藜属

Chenopodium foliosum

Acuminate Goosefoot | qiúhuālí

一年生草本。茎通常自基部分枝①，直立或斜升，有色条。叶绿色②，无粉或稍有粉，茎下部叶三角状狭卵形，茎上部叶披针形或卵状戟形。花集成腋生球状或桑葚状团伞花序；花被通常3裂，果熟后变得多汁并呈红色③④。胞果扁球形。种子直立。

产于新疆北疆及东疆、甘肃最西部及西藏。生于山坡湿地、林缘、沟谷等处。

果熟后，花被变得肥厚多汁，呈红色浆果状。

香藜　藜科 藜属

Chenopodium botrys

Feather Geranium | xiānglí

一年生草本，黄绿色，全株有头状腺毛和强烈气味。茎直立①，自基部多分枝，常有色条。叶片矩圆形③，边缘羽状深裂；上部叶披针形，全缘。花两性，复二歧式聚伞花序腋生②④；花被裂片黄绿色，背面有密腺毛。胞果扁球形。种子横生，黑色。

产于新疆北疆。生于山谷、河岸阶地、农田边、路旁等处。

植株有腺毛，具强烈气味；叶矩圆形，羽状深裂。

1
3
2
4
1
2
3
4

杂配藜 大叶藜 血见愁 藜科 藜属

Chenopodium strictum

Mapleleaf Goosefoot | zápèilí

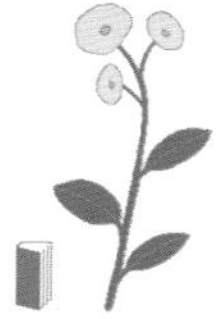

1 2 3 4 5 6 7 8 9 10 11 12

一年生草本。茎直立，具淡黄色或紫色条棱①。叶宽卵形至卵状三角形，两面均呈亮绿色①②，基部圆形、截形或略呈心形，边缘掌状浅裂，轮廓略呈五角形①②；上部叶较小。花成圆锥花序①；花被片5枚③；雄蕊5枚。胞果双凸镜状。种子横生③，黑色，直径通常2～3 mm，表面具明显的深洼点或呈凹凸不平。

产于我国东北、西北各省区及内蒙古、河北、浙江、山西、四川、云南、西藏。生于林缘、山坡灌丛间、沟沿等处。

叶片较薄，两面均呈亮绿色，边缘掌状浅裂。

沙蓬 沙米 藜科 沙蓬属

Agriophyllum squarrosum

Squarrose Agriophyllum | shāpéng

1 2 3 4 5 6 7 8 9 10 11 12

一年生草本；茎直立②③，最下部的分枝对生或轮生，上部枝条互生；叶披针形③，先端具刺状尖头；花无柄，通常单生苞腋，形成稠密的短穗状花序①；果实卵圆形或椭圆形，上部边缘具翅，果喙深裂成2个条状小喙④，小喙外侧各具1个小齿。

产于我国东北、西北各省区及河北、河南、山西、内蒙古、西藏。生于沙丘或流动沙丘之背风坡上。

果喙深裂成2个条状小喙，小喙外侧各具1个小齿。

1
2
3
1
2
3
4

钩刺雾冰藜　钩状刺果藜　藜科 雾冰藜属

Bassia hyssopifolia

Fivehook Bassia | gōucìwùbīnglí

1 2 3 4 5 6 7 8 9 10 11 12

　　一年生草本，幼时密被长柔毛，后期毛大部脱落。茎直立，较粗壮，常自基部分枝④，淡黄色。叶互生，草质①，扁平，倒披针形或条形，两面密被长柔毛。花通常由2～3朵团集成绵毛状小球再构成紧密的穗状花序①；花被筒密被长柔毛，果时在背部具5个钩状附属物②③。

　　产于新疆和甘肃。生于盐碱地、低洼河谷、草地及垃圾堆旁。

　　果时花被具5个钩状附属物。

雾冰藜　星状刺果藜 雾冰草　藜科 雾冰藜属

Bassia dasyphylla

Divaricate Bassia | wùbīnglí

1 2 3 4 5 6 7 8 9 10 11 12

　　一年生草本。外形近球形①②，密被水平伸展的长柔毛④，呈灰黄色或灰绿色。茎直立④，分枝极密，开展。叶互生④，无柄，先端钝，基部渐狭。花单生或2朵簇生；花被筒状，密被长柔毛，果时花被背部具5个钻状附属物，形成平展的五角星状③。果实卵圆状。

　　产于我国东北、西北各省区及山东、河北、山西、内蒙古、西藏。生于戈壁、盐碱地、沙丘、草地、河滩、阶地及洪积扇上。

　　果时花被背部具5个钻状附属物，形成平展的五角星状。

1
2
3
4
1
3
2
4

盐角草 海蓬子 藜科 盐角草属

Salicornia europaea

Marshfire Glasswort | yánjiǎocǎo

一年生草本，植株常发红色②③，少黄色(④右)；茎直立①，多分枝；枝对生④，肉质；叶不发育，鳞片状；花序穗状③④，有短柄；花腋生，每枚苞片内有3朵花；果皮膜质；种子矩圆状卵形，有钩状刺毛。

产于我国西北各省区及辽宁、河北、山西、内蒙古、山东、江苏。生于盐碱地、盐湖旁及海边。

一年生草本；枝、叶均对生；枝有关节。

白茎盐生草 灰蓬 藜科 盐生草属

Halogeton arachnoideus

Cobwebby Halogeton | báijīngyánshēngcǎo

一年生草本；茎直立②③，自基部分枝，枝互生，灰白色，幼时生蛛丝状毛④(后期毛脱落)；叶片肉质④，顶端钝；花通常2～3朵，簇生叶腋①；花被片膜质，背面有1条粗壮的脉；雄蕊5枚；种子横生。

产于我国西北各省区及山西、内蒙古。生于干旱山坡、沙地和河滩。

植株幼时有蛛丝状毛(后期毛脱落)；雄蕊5枚；种子横生。

1
3
2
4
1
2
3
4

异子蓬　藜科 异子蓬属

Borszczowia aralocaspica

Common Borszczowia ｜ yìzǐpéng

1 2 3 4 5 6 7 8 9 10 11 12

一年生草本。枝斜升②③，圆柱状。叶灰绿色，直或稍弯曲。雌雄花混生于团伞花序中；雄花花被稍肉质；雌花花被透明膜质。胞果呈浆果状①②③④，大型果长6～8 mm，果皮具绿色细脉，种子圆形；小型果长约3 mm，种子卵形。

产于新疆的呼图壁、玛纳斯、沙湾、奇台。生于强盐碱化的沙质土及戈壁。

雌花花被透明膜质，果时与肉质果皮贴生成浆果状。

盐生草　藜科 盐生草属

Halogeton glomeratus

Clustered Halogeton ｜ yánshēngcǎo

1 2 3 4 5 6 7 8 9 10 11 12

一年生草本。茎直立，自基部多分枝②③；枝互生，基部的枝近对生，枝灰绿色或淡黄绿色。叶互生③，圆柱形，先端钝，具长刺毛(有时脱落)。花腋生，常4～6朵聚集成团伞花序①②④；花被片膜质，果时自背面近顶部生翅①④；翅半圆形①④，膜质；雄蕊通常2枚。种子直立。

产于青海、新疆、西藏及甘肃西部。生于山脚、戈壁滩。

植株无蛛丝状毛；雄蕊通常2枚；种子直立。

1
2
3
4
1
2
3
4

刺沙蓬　木旋花 刺蓬　藜科 猪毛菜属

Salsola ruthenica

Russian Thistle ｜ cìshāpéng

一年生草本，植株较粗壮①，株高变化大；茎、枝生短硬毛或近于无毛②④，有白色或紫红色条纹；叶互生④，顶端有刺状尖，基部扩展；花被片自背面中部生翅；翅膜质，无色或淡紫红色③；柱头丝状，长为花柱的3～4倍；种子横生。

产于我国东北、华北、西北，西藏、山东及江苏。生于河谷沙地、砾质戈壁、海边。

叶顶端有刺状尖，基部扩展；柱头长为花柱的3～4倍。

1 2 3 4 5 6 7 8 9 10 11 12

短柱猪毛菜　梯翅蓬　藜科 猪毛菜属

Salsola lanata

Woolly Russianthistle ｜ duǎnzhùzhūmáocài

一年生草本。茎直立①。叶互生，近肉质，半圆柱形，灰绿色。花序穗状；小苞片披针形，长于花被；花被片披针形；翅膜质，淡红色或紫红色②③④；翅以上的花被片聚集成圆锥体②；柱头较短，长为花柱的1/6～1/7。果直径(包括翅)14～16 mm②③④。种子横生。

产于新疆北疆。生于盐湖边、戈壁滩、含盐质土壤。

小苞片披针形，长于花被；柱头较短，长为花柱的1/6～1/7。

1 2 3 4 5 6 7 8 9 10 11 12

1
3
2
4
1
3
2
4

浆果猪毛菜　藜科 猪毛菜属

Salsola foliosa

Berry Russianthistle | jiāngguǒzhūmáocài

一年生多汁草本。茎自基部分枝①，灰绿色，干后变为黑褐色②。叶片棒状③，通常内弯，肉质，灰绿色，干后呈黑褐色。花簇生，团伞状；花被片果时自背面中上部生翅④；翅膜质，半圆形，黄褐色④。果实为浆果状（④下）。

产于新疆北疆。生于荒漠、半荒漠地区含盐土壤。

叶顶端钝圆而稍膨大呈棒状；果实为浆果状。

钝叶猪毛菜　藜科 猪毛菜属

Salsola heptapotamica

Obtuseleaf Russianthistle | dùnyèzhūmáocài

一年生草本；茎直立②③；叶肉质①，基部扩展；花在枝条上部形成穗状花序；花被片果时自背面中下部生翅；翅膜质，黄褐色③或紫红色②④；翅以上的花被片聚集成圆锥体④；柱头丝状，长为花柱的2～3倍；种子横生。

产于新疆北疆。生于平原盐土荒漠及盐化沙地、盐湖边。

翅以上的花被片聚集成圆锥体；柱头长为花柱的2～3倍。

1
2
3
4
1
2
3
4

小药猪毛菜 藜科 猪毛菜属

Salsola micranthera

Littleanther Russianthistle | xiǎoyàozhūmáocài

一年生草本；茎多分枝①②，被柔毛；叶半圆柱形，有长柔毛，果时通常脱落；花稠密，排成穗状花序④；花被片果时自背面中上部生翅；翅膜质，黄褐色①③；花被片边缘膜质，有缘毛，紧贴果实；果直径(包括翅)3～7 mm③；种子横生。

产于新疆南疆。生于砾质荒漠、沙地。

果直径(包括翅)3～7 mm；花药长0.5 mm。

散枝猪毛菜 散枝梯翅蓬 藜科 猪毛菜属

Salsola brachiata

Scatterbranch Russianthistle | sǎnzhīzhūmáocài

一年生草本。下部枝对生④，上部枝有时互生，黄褐色，纤细而坚硬，密生柔毛及长毛，长毛有关节。叶对生④，半圆柱状，顶端有小短尖。花序穗状，生于枝条的上部；花被片自背面中下部生翅；翅膜质，黄褐色或紫褐色①②③。种子直立。

产于新疆北疆。生于戈壁滩、山麓及山沟。

叶对生，顶端有小短尖；种子直立。

1
2
3
4
1
3
2
4

紫翅猪毛菜

藜科 猪毛菜属

Salsola affinis

Purplewinged Russianthistle | zǐchìzhūmáocài

一年生草本；基部多分枝①②，枝互生，最基部的近对生；叶互生，下部的叶近对生，常弧形弯曲，绿色，肉质，顶端钝圆，基部不下延；花生枝端叶腋，成穗状花序；花被片果时自背面中下部生翅，翅膜质，红色或紫红色③④；果翅直径5～10 mm③④；种子通常横生。

产于新疆北疆。生于平原和低山的砾质荒漠、荒漠草原。

叶基部不下延；果翅直径5～10 mm。

准噶尔猪毛菜

藜科 猪毛菜属

Salsola dshungarica

Dzungaria Russianthistle | zhǔngá'ěrzhūmáocài

半灌木，基部多分枝②，新鲜时有鱼腥气味。小枝乳白色④，密被卷曲柔毛。叶互生或簇生④，半圆柱形。花序穗状或再构成圆锥状；花被片长卵形，背部绿色，花被片在翅以上聚集成矮圆锥体①③；柱头与花柱近等长。胞果径(包括翅)6～8 mm①③；种子横生。

产于新疆乌鲁木齐。生于干旱山坡砾石荒漠、盐生荒漠。

植株新鲜时有鱼腥气味；柱头与花柱近等长。

1
3
2
4
1
2
3
4

齿稃草　禾本科 齿稃草属

Schismus arabicus

Arabian Schismus | chǐfūcǎo

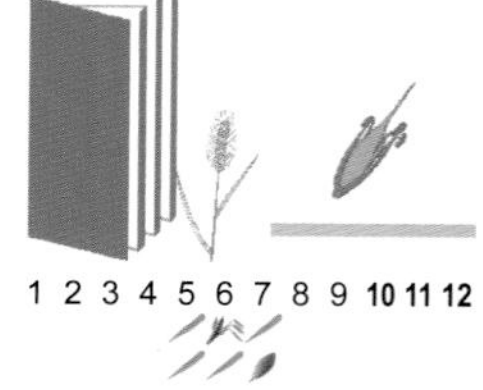

一年生矮小草本；秆纤细②③，丛生，具2～3节；叶鞘表面具突出明显的脉纹，边缘膜质；叶舌为1圈长柔毛所代替；叶片短小；圆锥花序较密①④；小穗淡绿色①④；颖短于小穗，边缘具宽膜质；外稃长卵形，背部约1/2以下具长柔毛，尤以边缘为密；内稃膜质；花药小，淡黄色。

产于新疆和西藏西部。生于干燥的开阔地上。为早春短命植物。

一年生草本；外稃背部约1/2以下具长柔毛。

假苇拂子茅　禾本科 拂子茅属

Calamagrostis pseudophragmites

Falsereed Reedbentgrass | jiǎwěifúzǐmáo

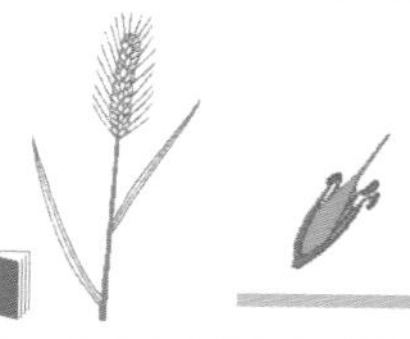

多年生草本。具根状茎；秆直立①②③。叶鞘短于节间；叶舌膜质；叶片扁平或内卷，上面及边缘粗糙，下面平滑。圆锥花序疏松开展④，长10～25 cm，宽(2)3～5 cm；小穗草黄色或带紫色；颖条状披针形，不等长；外稃膜质，芒自顶端伸出，长1～3 mm。

产于我国东北、华北、西北、云贵川、湖北等地区。生于山坡草地或河岸阴湿之处，海拔350～2500 m。

圆锥花序长10～25 cm。

1
2
3
4
1
2
3
4

狗牙根 绊根草 禾本科 狗牙根属

Cynodon dactylon

Bermudagrass | gǒuyágēn

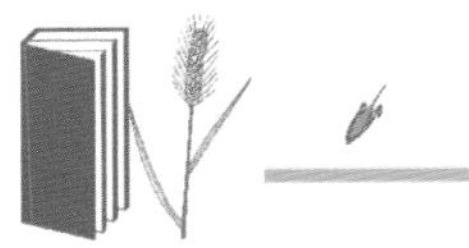

多年生草本，具根茎。秆细而坚韧，下部匍匐地面蔓延甚长②③④，节上常生不定根，直立部分高10～30 cm。叶鞘口常具柔毛；叶舌仅为1轮纤毛；叶片线形①。穗状花序长2～5(6) cm；小穗灰绿色或带紫色①。颖果长圆柱形。

产于我国黄河以南各省。生于村庄附近、道旁河岸、荒地山坡。

多年生禾草，具匍匐茎。

东方旱麦草 禾本科 旱麦草属

Eremopyrum orientale

Oriental Eremopyrum | dōngfānghànmàicǎo

一年生草本。秆多膝曲①③，通常3节。叶鞘上部稍膨大，多短于节间；叶舌长0.5～1 mm，边缘成裂齿状；叶片条形①。穗状花序紧密，具长柔毛①②④，椭圆形，长2～3 cm，穗轴易断；颖先端呈芒状；外稃披针形，密被长柔毛。

产于内蒙古和新疆。生于荒漠草原或干燥瘠薄的山坡上。为早春短命植物。

小穗篦齿状，常成锐角排列，密被长柔毛；穗状花序长2～3 cm。

1
2
3
4
1
2
3
4

旱麦草　禾本科 旱麦草属

Eremopyrum triticeum

Common Eremopyrum | hànmàicǎo

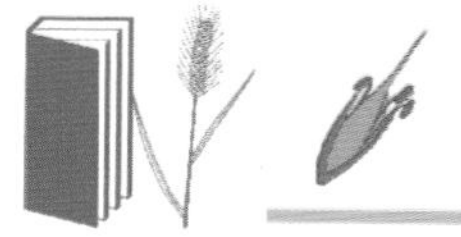

一年生草本。秆基部膝曲①，花序下被微毛，具3～4节。叶鞘短于节间；叶舌截平，长0.5～1 mm；叶片扁平。穗状花序长1～1.7 cm，排列紧密②③④；小穗草绿色③④，与穗轴几成直角，几无毛；外稃上半部具5条明显的脉，疏被糙毛至无毛。

产于内蒙古和新疆。生于海拔850～1440 m的草地或河床砾石滩上。为早春短命植物。

穗状花序长1～1.7 cm，宽0.6～1.4 cm，成熟时穗轴自基部断落。

光穗旱麦草　硬旱麦草　禾本科 旱麦草属

Eremopyrum bonaepartis

Hard Eremopyrum | guāngsuìhànmàicǎo

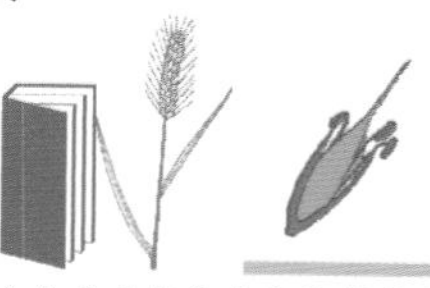

一年生草本；秆基部膝曲①；下部叶鞘被柔毛；叶舌长约1 mm；叶片条形，扁平；穗状花序椭圆形②，长2～4 cm，宽1.5～2.5 cm，绿色或稍带紫色；颖条形，短于小穗；外稃条状披针形，平滑无毛或沿脉被刺毛乃至疏被长柔毛；内稃短于外稃。

产于新疆的乌鲁木齐、伊宁。生于天山北麓的荒漠及荒漠草原带水分较好的生境中。为早春短命植物。

穗状花序长2～4 cm，宽1.5～2.5 cm，成熟时穗轴逐节断落。

1
3
2
4
1
2

醉马草　药草　禾本科 芨芨草属

Achnatherum inebrians

Inebriate Speargrass | zuìmǎcǎo

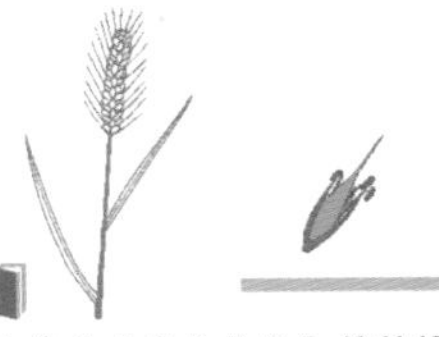

多年生草本，须根柔韧。秆直立，少数丛生①②③，通常具3～4节。叶舌长约1 mm；叶片质地较硬，边缘常卷折。圆锥花序紧缩呈穗状④；小穗长5～6 mm，灰绿色或基部带紫色④，成熟后变为褐铜色；外稃具3条脉，脉于顶端汇合且延伸成芒，芒长10～13 mm，一回膝曲。

产于内蒙古、甘肃、宁夏、新疆、西藏、青海、四川。生于高草原、山坡草地、田边、路旁、河滩，海拔1700～4200 m。有毒植物。

圆锥花序紧缩呈穗状；小穗长5～6 mm。

虎尾草　棒槌草 刷子头　禾本科 虎尾草属

Chloris virgata

Showy Chloris | hǔwěicǎo

一年生草本；秆直立或基部膝曲①；叶鞘背部具脊，包卷松弛，无毛；叶片两面无毛或边缘及上面粗糙；穗状花序③④，指状着生于秆顶，常直立而并拢成毛刷状，成熟时常带紫色①②③④；小穗无柄；颖膜质；外稃芒自背部顶端稍下方伸出，长5～15 mm。

广布全国各地。产于路旁荒野、河岸沙地、土墙及房顶上。

穗状花序成毛刷状似“虎尾”；外稃显著有芒。

1
2
3
4
1
2
3
4

大赖草　巨叶麦　禾本科 赖草属

Leymus racemosus

Racemose Leymus | dàlàicǎo

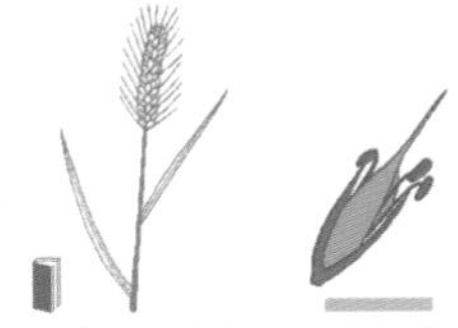

多年生草本，具长的横走根茎。秆粗壮②③，直立。叶鞘松弛包茎，具膜质边缘；叶舌膜质，平截；叶片浅绿色②③，质硬。穗状花序直立①④，2棱具细毛，通常约有50节；穗轴坚硬，扁圆形；每节具4～6枚小穗。

产于新疆阿勒泰地区。生于额尔齐斯河低阶地的沙地与沙丘上。

植株平滑无毛，秆粗壮，径约1 cm。

白羊草　白草　禾本科 孔颖草属

Bothriochloa ischaemum

Digitate Goldenbeard | báiyángcǎo

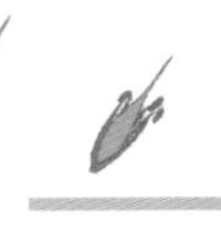

多年生草本。秆丛生①，直立或基部倾斜，具3至多节。叶鞘无毛④，常短于节间；叶舌膜质④，长约1 mm，具纤毛；叶片线形。总状花序4至多数着生于秆顶呈指状，长3～7 cm，灰绿色或带紫褐色②③。

本种适应性强，分布几遍全国。生于山坡草地和荒地。

总状花序灰绿色或带紫褐色。

1
2
3
4
1
2
3
4

旱雀麦　禾本科 雀麦属

Bromus tectorum

Downy Brome | hànquèmài

一年生草本，须根细弱。秆直立①③，丛生，光滑，具3～4节。叶鞘具柔毛，后脱落；叶舌膜质；叶片两面均具柔毛。圆锥花序疏展②④，长5～15 cm，每节具3～5个分枝，分枝细弱、多弯曲；小穗幼时绿色④，成熟变为紫色①；颖披针形，第一颖具1脉，第二颖具3～5条脉。

产于我国西北各省区及四川、云南、西藏。生于荒野干旱山坡、路旁、河滩、草地，海拔100～2300(4200) m。

第一颖具1条脉，第二颖具3～5条脉。

芦苇　芦 苇 兼　禾本科 芦苇属

Phragmites australis

Common Reed | lúwěi

多年生草本，具粗壮匍匐的根状茎。秆直径2～10 mm①④，节下通常具白粉。叶舌短，密生短毛；叶片披针状线形④，扁平，无毛，顶端渐尖成丝形。圆锥花序稠密(②花期)(③果期)，开展，微向下垂，长10～30 cm；小穗长约12 mm，含3～5朵花；第二外稃两侧密生丝状柔毛。

广布全国各地。生于江河湖泽、池塘沟渠沿岸和低湿地。

植株高达3 m；圆锥花序大型，长10～30 cm。

1
2
3
4
1
3
2
4

羽毛三芒草　禾本科 三芒草属

Aristida pennata

Pennate Threeawngrass | yǔmáosānmángcǎo

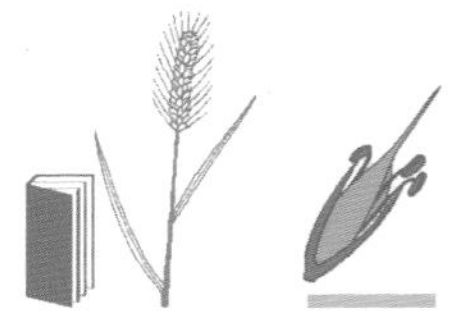

多年生草本，形成较大的草丛①②。须根较粗且坚韧，状如铜丝，外被沙套③。秆丛生，直立。叶鞘长于节间；叶舌短小平截，边缘具0.5～1 mm的纤毛；叶片质地坚硬，纵卷如针状。圆锥花序疏松；外稃具3条脉，芒全被柔毛④，其毛长2～4 mm。

产于新疆准噶尔盆地。多生于固定沙丘上。

外颖长10～17 mm；芒长10～15 mm。

大颖三芒草　禾本科 三芒草属

Aristida grandiglumis

Largelume Threeawngrass | dàyǐngsānmángcǎo

多年生草本，形成较大的草丛②。须根坚韧，外被沙套。秆紧密丛生，直立。叶鞘疏松包茎，边缘膜质；叶舌短，具纤毛；叶片内卷。圆锥花序分枝细弱；外稃具3条脉，基盘尖，芒自外稃顶端2裂片间伸出，芒柱短，芒针被长4～5 mm的白色羽状毛①③。

产于新疆南疆、甘肃敦煌。生于河滩沙丘上。

外颖长28～30 mm；芒长18～24 mm。

1
3
2
4
1
2
3

节节麦 禾本科 山羊草属

Aegilops tauschii

Tausch Goatgrass | jiéjiémài

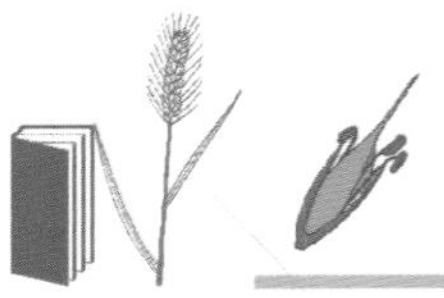

一年生草本。节在多分蘖时常膝曲。叶鞘紧密包茎，平滑无毛而边缘具纤毛；叶舌薄膜质；叶片宽约3 mm②。穗状花序顶生①②，圆柱形，长约10 cm，成熟时逐节断落；小穗圆柱形①②；颖革质，扁平无脊①②；外稃披针形，顶具长约1 cm的芒，穗顶部者长达4 cm②。颖果饱满白黄色。

产于陕西关中地区、河南新乡和新疆伊犁。生于荒芜草地或麦田中。

小穗圆柱形；颖背部无脊。

新麦草 禾本科 新麦草属

Psathyrostachys juncea

Rush-like Psathyrostachys | xīnmàicǎo

多年生草本。具直伸短根茎，密集丛生①④；秆平滑无毛，仅于花序下部稍粗糙。叶鞘短于节间；叶片深绿色，两面均粗糙。穗状花序稠密②③，穗轴脆而易断；小穗2～3枚成1节，淡绿色④，成熟后变黄色或棕色②③；颖锥形；外稃披针形；内稃稍短于外稃；花药黄色。

产于内蒙古和新疆。生于山地草原带。

秆于花序下部稍粗糙；花药黄色。

1
2
1
2
3
4

小獐毛 禾本科 獐毛属

Aeluropus pungens

Sea-shore Aeluropus | xiǎozhāngmáo

多年生草本，具发达的根状茎和匍匐茎。秆直立或倾斜①②，基部密生鳞片状叶，自基部多分枝。叶鞘多聚于秆基，其上具1圈纤毛；叶片狭线形①②，无毛。圆锥花序长2～7 cm(③果期)(④花期)，彼此疏离而不重叠；小穗在穗轴上排成2行；颖与外稃边缘密生长纤毛。

产于甘肃和新疆。生于盐碱土及沙地。

叶片无毛；颖与外稃边缘密生长纤毛。

东方针茅 禾本科 针茅属

Stipa orientalis

Eastern Feathergrass | dōngfāngzhēnmáo

多年生草本，须根稠密、坚韧。秆具2～3节①②③，节常为紫色。叶鞘具细刺毛；叶舌披针形，边缘具细纤毛；叶片纵卷如线形。圆锥花序紧缩①④，常为顶生叶鞘所包；2颖近等长，长1.8～2 cm；芒二回膝曲，具羽状毛。

产于新疆、青海、西藏等省区。生于海拔400～5100 m的石质山坡、山间谷地和准平原面上。

颖长1.8～2 cm；芒长4.5～6 cm。

1
2
3
4
1
2
3
4

镰芒针茅 禾本科 针茅属

Stipa caucasica

Caucasus Feathergrass | liánmángzhēnmáo

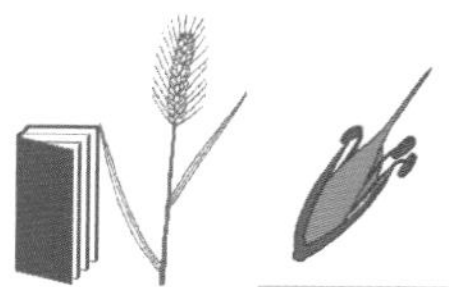

多年生草本。秆具2～3节。叶鞘短于节间①；叶片纵卷如针①，外面平滑无毛，基生叶为秆高的2/3①。圆锥花序狭窄，常包藏于顶生叶鞘内；颖先端丝芒状；外稃背部具条状毛，基盘尖锐，芒一回膝曲、扭转，长7～14 cm，呈手镰状弯曲①，具长3～5 mm的羽状毛。

产于新疆和西藏。生于海拔1400～2620 m的石质山坡和沟坡崩塌处。

叶片外(下)面平滑无毛；芒长7～14 cm，芒柱与芒针间膝曲并形成镰刀状。

沙生针茅 禾本科 针茅属

Stipa glareosa

Sandy Needlegrass | shāshēngzhēnmáo

多年生草本，须根粗韧。外具沙套②。秆直立丛生①③，粗糙，具1～2节。叶鞘短于节间，边缘具纤毛；叶片纵卷如针①，外面粗糙或具细微柔毛。圆锥花序常包于顶生叶鞘内①；芒一回膝曲、扭转，芒柱长1.5 cm，具柔毛，芒针长3 cm，具长约4 mm的羽状毛。

产于我国西北及西藏、内蒙古、河北等省区。生于海拔630～5150 m的石质山坡、丘间洼地、戈壁沙滩及河滩砾石地上。

叶片外(下)面粗糙或具柔毛；芒长4.5～7 cm，芒柱与芒针间膝曲不呈镰刀状。

1
1
2
3

囊果薹草　胀囊薹草　莎草科 薹草属

Carex physodes

Saccatefruit Sedge　|　nángguǒtáicǎo

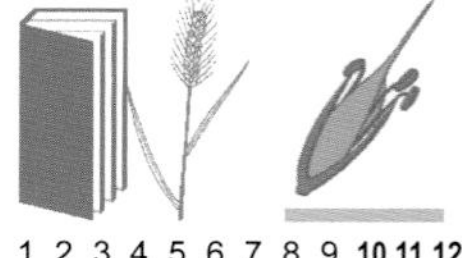

多年生草本，浅绿色。匍匐根状茎长，分枝末端向上形成疏丛；秆直立①③④，钝三棱形。叶片纵卷如针状①③，弯曲；短于秆。小穗3～7枚，雄雌顺序，聚集成椭圆形穗状花序①；果囊初时平凸状，后气泡状膨胀，矩圆形，长1.2～2 cm，宽0.7～1.3 cm，膜质，褐红色②，具明显细脉。

产于新疆古尔班通古特沙漠、布尔津沙地、伊犁河谷。生于半固定沙丘、流动沙丘的迎风坡、山前平原、戈壁滩。

果囊矩圆形，顶端圆，长1.2～2 cm，宽0.7～1.3 cm。

球穗藨草　莎草科 藨草属

Scirpus strobilinus

Strobile Bulrush　|　qiúsuìbiāocǎo

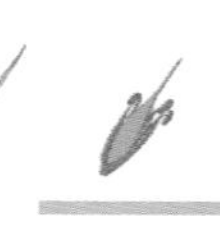

多年生草本。具匍匐根状茎和块茎；秆1根①③，三棱形，平滑。叶扁平①，条形，稍坚挺。叶状苞片2～3枚①，长于花序；长侧枝聚伞花序短缩成头状①②④；小穗卵形②④；鳞片长圆状卵形；下位刚毛6条，4短2长，具倒刺；花柱细长，柱头2枚。小坚果宽倒卵形，双凸状。

产于甘肃和新疆。生于路旁凹地、沙丘湿地、沼泽、盐土地。

鳞片淡黄色，有较短芒。

1
3
2
4
1
2
3
4

中文名索引
Index to Chinese Names

学名（拉丁名）索引
Index to Scientific Names

后记 Postscript

本书编写过程中参考了《中国植物志》《中国高等植物图鉴》《新疆植物志》《新疆高等植物检索表》《内蒙古植物志》《青海植物志》《新编拉汉英种子植物名称》、*Flora of China*、中国数字植物标本馆（http://www.cvh.org.cn/cms/）、中国自然标本馆（http://www.nature-museum.net/）。

中文名和学名几乎全部以《中国植物志》为准，只是个别植物种参照了*Flora of China*、《新疆植物志》《内蒙古植物志》和《青海植物志》。

在本书编辑中，丛书主编马克平研究员一直对本书的编写给予密切关注，并提出了很多建设性意见；中国科学院植物研究所的刘冰博士提供了编辑模板和技术指导，也提出了许多宝贵建议；陈彬博士在生物数字标本上提供了技术支持。本书的野外工作得到了中国科学院吐鲁番沙漠植物园、中国科学院巴音布鲁克草原生态研究站和中国科学院干旱区生物地理与生物资源重点实验室的资助。在此一并表示衷心感谢！

由于水平所限，时间仓促，疏漏和错误之处难免，恳请读者批评指正！

段士民　尹林克

2015年2月

图片版权声明

段士民、侯翼国、尹林克、王兵（新疆农业大学）、孙学刚（甘肃农业大学）、王喜勇、潘伯荣、褚建民（中国林业科学研究院林业研究所）、刘冰（中国科学院植物研究所）、李都（新疆教育科学研究院）、郭敬明（阜康市第三小学）

注：本册作者与摄影者未注明单位的均为中国科学院新疆生态与地理研究所。